Martín Eduardo Silvestre

Funktionelle magnetische Mikro- und Nanopartikel

Martín Eduardo Silvestre

Funktionelle magnetische Mikro- und Nanopartikel

Synthese und Anwendung zur Aufreinigung von Proteinen

Südwestdeutscher Verlag für Hochschulschriften

Impressum/Imprint (nur für Deutschland/only for Germany)
Bibliografische Information der Deutschen Nationalbibliothek: Die Deutsche Nationalbibliothek verzeichnet diese Publikation in der Deutschen Nationalbibliografie; detaillierte bibliografische Daten sind im Internet über http://dnb.d-nb.de abrufbar.

Alle in diesem Buch genannten Marken und Produktnamen unterliegen warenzeichen-, marken- oder patentrechtlichem Schutz bzw. sind Warenzeichen oder eingetragene Warenzeichen der jeweiligen Inhaber. Die Wiedergabe von Marken, Produktnamen, Gebrauchsnamen, Handelsnamen, Warenbezeichnungen u.s.w. in diesem Werk berechtigt auch ohne besondere Kennzeichnung nicht zu der Annahme, dass solche Namen im Sinne der Warenzeichen- und Markenschutzgesetzgebung als frei zu betrachten wären und daher von jedermann benutzt werden dürften.

Coverbild: www.ingimage.com

Verlag: Südwestdeutscher Verlag für Hochschulschriften GmbH & Co. KG
Heinrich-Böcking-Str. 6-8, 66121 Saarbrücken, Deutschland
Telefon +49 681 37 20 271-1, Telefax +49 681 37 20 271-0
Email: info@svh-verlag.de

Zugl.: Karlsruhe, Universität Fridericiana Karlsruhe - KIT, TU. Diss., 2009

Herstellung in Deutschland:
Schaltungsdienst Lange o.H.G., Berlin
Books on Demand GmbH, Norderstedt
Reha GmbH, Saarbrücken
Amazon Distribution GmbH, Leipzig
ISBN: 978-3-8381-1996-0

Imprint (only for USA, GB)
Bibliographic information published by the Deutsche Nationalbibliothek: The Deutsche Nationalbibliothek lists this publication in the Deutsche Nationalbibliografie; detailed bibliographic data are available in the Internet at http://dnb.d-nb.de.

Any brand names and product names mentioned in this book are subject to trademark, brand or patent protection and are trademarks or registered trademarks of their respective holders. The use of brand names, product names, common names, trade names, product descriptions etc. even without a particular marking in this works is in no way to be construed to mean that such names may be regarded as unrestricted in respect of trademark and brand protection legislation and could thus be used by anyone.

Cover image: www.ingimage.com

Publisher: Südwestdeutscher Verlag für Hochschulschriften GmbH & Co. KG
Heinrich-Böcking-Str. 6-8, 66121 Saarbrücken, Germany
Phone +49 681 37 20 271-1, Fax +49 681 37 20 271-0
Email: info@svh-verlag.de

Printed in the U.S.A.
Printed in the U.K. by (see last page)
ISBN: 978-3-8381-1996-0

Copyright © 2012 by the author and Südwestdeutscher Verlag für Hochschulschriften GmbH & Co. KG and licensors
All rights reserved. Saarbrücken 2012

Danksagung

Mein ganz besonderer Dank gilt Herrn PD. Dr. habil. Matthias Franzreb erstens für die Einladung und die Möglichkeit eine Doktorarbeit in Deutschland zu machen und zweitens für die außerordentliche Unterstützung in Form von konstruktiven Diskussionen, Verbesserungsvorschlägen, der sehr großen Mühe bei der Arbeitskorrektur, die freundschaftliche Zusammenarbeit aber auch für den Freiraum zur Verwirklichung eigner Ideen.

Weiterhin danke ich Herrn Prof. Dr. Wolfgang Höll für die Förderung durch ein Doktorandenstipendium des Forschungszentrums Karlsruhe. Prof. Dr.-Ing. habil. Hermann Nirschl danke ich für die Übernahme des Korreferats und die kooperative Zusammenarbeit. Ich bedanke mich bei dem Bundesministerium für Wirtschaft und Technologie (BMWi) und den Firmen BOKELA und Steinert für die Förderung des Verbundprojekts.

Darüber hinaus bedanke ich mich bei Verena Goertz, Renata Sucic, Stefanie Fuchs, Maya Atanasova, Andrea Talapaga und Richard Bernewitz die im Rahmen ihrer Diplomarbeiten und Praktika einen wesentlichen Beitrag zur Erstellung dieser Arbeit beigetragen haben, sowie bei allen Kolleginnen und Kollegen des Institutes ITC-WGT für die angenehme Arbeitsatmosphäre ihre Unterstützung und vor allem Freundschaft.

Besonderer Dank gilt für die Mitglieder des Instituts für Mechanische Verfahrenstechnik und Mechanik an der Universität Karlsruhe (TH), Benjamin Fuchs, Mathias Stolarski und Christian Eichholz, für die gute Zusammenarbeit, Freundlichkeit und Hilfsbereitschaft.

Ganz besonders bedanke ich mich auch bei Bertolt Kranz und Jens Bolle für die Chemische Unterstützung, Marcel Riegel und Jörg Becker für erfolgreiche Diskussionen und Vorschläge sowie Nora Theilacker und Sonja Berensmeier für die Hilfe bei biologischen Fragen. Außerdem bedanke ich mich besonders bei dem Korrekturteam Jens Bolle, Birgit Hetzer, Roland Melerski und Marcel Riegel.

Meinen langjährigen WG-Freunden Maria, Anne, Paul, Marcel, Anna, und Itzia gebe ich ein großes Dankeschön für ihre Freundschaft und die vielen schönen Abende. Schließlich gilt mein größter Dank Jana für ihre Liebe, ihre unendliche Geduld und das große Verständnis für meine unzähligen Überstunden am Wochenende. Nicht zuletzt bedanke ich mich besonders bei meinen Eltern Susana und Tin sowie meinen Brüdern Nico und Alfre für die stetige und liebevolle Unterstützung von zu Hause in Alvear.

Zusammenfassung

Thema der vorliegenden Arbeit war die Entwicklung eines kostengünstigen Syntheseverfahrens für funktionelle magnetische Mikro- und Nanopartikel sowie die Demonstration ihrer Anwendung im Bereich der Bioseparation. Die Arbeit war dabei Teil eines durch das Bundesministerium für Wirtschaft und Technologie (BMWi) geförderten Verbundprojekts zur Entwicklung neuer Technologien und Prozesse zur selektiven und energieeffizienten Fest-Flüssig-Trennung unter anderem im Bereich der Biotechnologie.

Das entwickelte Syntheseverfahren für magnetische Mikrosorbentien gliedert sich zunächst in die beiden Abschnitte: (i) Herstellung magnetischer Grundpartikel und (ii) Funktionalisierung der Grundpartikel mit anwendungsspezifischen Liganden. Beide Abschnitte der Synthese bestehen dabei wiederum aus mehreren Prozessschritten. Die Herstellung magnetischer Grundpartikel erfolgte durch Silancoating mineralischer Nanopartikel sowie durch Miniemulsions- bzw. Suspensionspolymerisationsverfahren. Die silangecoateten Partikel erreichen Durchmesser zwischen 350 nm und mehreren Mikrometern, je nach Dicke des Coatings und des Grads der dabei auftretenden Agglomeration. Durch Miniemulsionspolymerisation generierte Polyvinylacetat(PVAc)-Partikel verfügen über eine enge Partikelgrößenverteilung und einen mittleren Durchmesser von ca. 200 nm, wogegen das Verfahren der Suspensionspolymerisation nach Optimierung PVAc-Partikel mit mittleren Durchmessern von 3 µm erzeugt. Alle Partikeltypen verfügen über eine hohe Sättigungsmagnetisierung von 20 bis zu 45 Am^2/kg und sind folglich für eine magnetische Separation gut geeignet.

Zur Funktionalisierung sowohl der magnetischen PVAc-Partikel als auch der silangecoateten Ferrite wurden zahlreiche Synthesewege für Farbstoff-Liganden (Cibacron Blue) sowie stark und schwach saure Kationenaustauschergruppen untersucht. Neben der Variation der funktionellen Gruppen umfassten die Versuchsreihen unterschiedliche Aktivierungsmethoden der Partikeloberfläche sowie die Generierung in Art und Länge variierender Abstandsmoleküle (sogenannter Spacer) zwischen Partikeloberfläche und funktionellen Gruppen. Die Bindungsaffinitäten der resultierenden Funktionalisierungen für hydrophile Proteine wurden am Beispiel der Sorption des Modellproteins Lysozym untersucht. PVAc-Mikrosorbentien mit Cibacron Blue Liganden bzw. Kationenaustauscherfunktionalität erreichten hierbei maximale Lysozymbeladungen von 145 bzw. 160 mg/g. An der Oberfläche zu Polyvinylalkohol verseifte und mit Polyacrylsäure funktionalisierte PVAc-Mikrosorbentien erzielten über die resultierende schwach saure Kationenaustauscherfunktionalität sogar maximale Lysozymkapazitäten von bis zu 245 mg/g.

Zur Charakterisierung der Selektivität der synthetisierten Mikrosorbentien dienten

Sorptionsuntersuchungen für Lysozym in Anwesenheit des konkurrierenden Proteins Ovalbumin sowie Versuche in realem, verdünntem Hühnereiweiß. Die experimentellen Ergebnisse wurden mittels des Butler-Ockrent Modells beschrieben. Ausgehend von Hühnereiweiß mit einem auf das Gesamtprotein bezogenen Lysozymgehalt von 1,6% konnte im Labormaßstab (1 ml) durch einfache Zugabe magnetischer Mikrosorbentien, magnetische Separation sowie anschließende Waschung und Elution eine Lysozymausbeute von 50% bei 70% Reinheit erzielt werden.

Zum Abschluss der Arbeiten wurden in Zusammenarbeit mit dem Institut für Mechanische Verfahrenstechnik und Mechanik (MVM) der Universität Karlsruhe mehrere Versuche zum Scale-up der Proteinisolation aus Biosuspensionen durchgeführt. Als Technologie zur Fest-Flüssig-Trennung der Mikrosorbentien von der Ausgangslösung bzw. verschiedener Wasch- und Elutionslösungen kam dabei eine am MVM entwickelte magnetfeldüberlagerte Drucknutsche von 1,2 l Fassungsvolumen zum Einsatz. Bei den Versuchen zur Lysozymsorption aus Hühnereiweiß kamen 5 g/l PVAc-Partikel mit schwach saurer Kationenaustauscherfunktionalität zum Einsatz. Hierdurch gelang eine praktisch vollständige Aufnahme des Lysozyms aus der Hühnereiweißlösung. Bedingt durch Verluste während der Waschschritte und eine unvollständige Elution reduzierte sich die letztendliche Ausbeute auf 62%. Die erreichte Reinheit von 74%, entsprechend einem Aufreinigungsfaktor von über 40, ist jedoch für einen einstufigen Batchprozess mit auf Ionenaustauschfunktionalität beruhendem Sorptionsmechanismus als sehr gut einzustufen.

Die Versuche an realen Biosuspensionen belegen damit die Eignung der entwickelten magnetischen Mikrosorbentien für eine rasche und direkte Proteinisolation aus ungeklärten Medien. Unter zusätzlicher Berücksichtigung des auf kostengünstigen Ausgangschemikalien beruhenden und vergleichsweise einfachen Synthesewegs der Mikrosorbentien, liefert die vorliegende Arbeit damit einen wichtigen Beitrag zur Klärung des Anwendungspotenzials magnetischer Mikrosorbentien und magnetischer Separationstechniken in der Biotechnologie.

Abstract

Work focused on the development of a low-cost process to synthesize functional magnetic micro- and nanoparticles and the demonstration of their use for bioseparation. The activities were performed within the framework of a joint project funded by the Federal Ministry of Economy and Technology (BMWi), which was aimed at developing new technologies and processes among others for selective and energy-efficient solid-liquid separation in biotechnology.

The process developed to synthesize magnetic microsorbents consists of two phases: (i) Fabrication of magnetic basic particles and (ii) functionalization of these basic particles with application-specific ligands. Both synthesis phases comprise several process steps. Basic magnetic particles were produced by silane coating of mineral nanoparticles as well as by means of mini emulsion or suspension polymerization processes. The silanecoated particles had diameters ranging from 350 nm to several micrometers depending on the thickness of the coating and the degree of agglomeration. Polyvinyl acetate (PVAc) particles generated by mini emulsion polymerization were characterized by a narrow particle size distribution and a mean diameter of about 200 nm, whereas optimized suspension polymerization yielded PVAc particles of 3 µm in mean diameter. All particle types possessed a high saturation magnetization of 20 to 45 Am^2/kg and, hence, were suited well for magnetic separation.

To functionalize both magnetic PVAc particles and silanecoated ferrites, a number of synthesis paths for dye ligands (Cibacron Blue) and strongly and weakly acid cation exchanger groups were studied. Apart from the variation of the functional groups, the test series covered various activation methods of the particle surface as well as the generation of spacer molecules varying in type and length between the particle surface and functional groups. Bonding affinities of the resulting functionalizations of hydrophilic proteins were studied using the sorption of the model protein lysozyme as an example. PVAc microsorbents with Cibacron Blue ligands and cation exchanger functionality reached maximum lysozyme loads of 145 and 160 mg/g, respectively. PVAc microsorbents saponified to polyvinyl alcohol at the surface and functionalized with polyacrylic acid even reached maximum lysozyme capacities of up to 245 mg/g due to their weakly acid cation exchanger functionality.

To characterize the selectivity of the microsorbents synthesized, sorption studies were performed for lysozyme in the presence of the competing protein ovalbumin and tests were run in real, diluted chicken protein. The experimental results were described by means of the Butler-Ockrent model. Using chicken protein with a lysozyme content of 1.6% related to the total protein, a lysozyme yield of 50% with 70% purity was achieved on the laboratory scale (1 ml) by simple addition of magnetic microsorbents, magnetic separation, and subsequent washing and elution.

Work was completed by several tests to scale up protein isolation from biosuspensions in cooperation with the Institute for Mechanical Process Technology and Mechanics (MVM) of the Universität Karlsruhe. For solid-liquid separation of microsorbents from the starting solution and various washing and elution solutions, a pressure nutsche of 1.2 l capacity superposed by a magnetic field and developed by MVM was applied. In the tests studying lysozyme sorption from chicken protein, 5 g/l PVAc particles with weakly acid cation exchanger functionality were used. The lysozyme was separated nearly completely from the chicken protein solution. Due to losses during the washing steps and an incomplete elution, final yield dropped to 62%. The purity of 74% reached corresponds to a purification factor in excess of 40, but has to be considered excellent for a one-step batch process with a sorption mechanism based on ion exchanger functionality.

Hence, tests using real biosuspensions confirm the suitability of the magnetic microsorbents developed for a rapid and direct protein isolation from nonclarified media. Taking into account the comparably simple synthesis process of the microsorbents that is based on the use of inexpensive chemicals, the work performed contributed considerably to demonstrating the application potential of magnetic microsorbents and magnetic separation processes in biotechnology.

Inhaltsverzeichnis

Danksagung I

Zusammenfassung III

Abstract V

Inhaltsverzeichnis VII

1   Einleitung 1

2   Theoretische Grundlagen und Stand der Technik 3

2.1   Anwendungsgebiete und gewünschte Eigenschaften magnetischer Mikrosorbentien 3
2.2   Übersicht der Herstellungsverfahren magnetischer Mikrosorbentien 4
2.3   Synthese magnetischer Eisenoxid-Nanopartikel 6
2.4   Stabilisierung von Emulsionen und Suspensionen 7
      2.4.1   Stabilisierung von Emulsionen 7
      2.4.2   Partikelstabilisierung durch Tenside 8
2.5   Radikalische Polymerisation 9
2.6   Suspensionspolymerisation 10
2.7   Emulsionspolymerisation 12
2.8   Miniemulsionspolymerisation 14
2.9   Dispersionspolymerisation 15
2.10 Coatingverfahren 17
2.11 Funktionalisierung 19
      2.11.1 Aktivierung 19
      2.11.2 Spacer 19
      2.11.3 Anforderungen an Liganden 20
      2.11.4 Affinitätsliganden 20
      2.11.5 Farbstoff-Liganden 21
      2.11.6 Ionenaustauscher 23
2.12 Aufreinigung von Bioprodukten 24
      2.12.1 Anwendung der Magnettechnologie in der Bioproduktaufbereitung 26
2.13 Mathematische Beschreibung der Sorption von Proteinen 27
      2.13.1 Einzelstoffadsorption 27
      2.13.2 Konkurrierende Adsorption / Mehrstoffadsorption 30
      2.13.3 Kenngrößen zur Proteinaufreinigung 32

3   Experimenteller Teil 35

3.1	Verwendete Chemikalien	35
3.2	Versuchsaufbauten zur Partikelsynthese	35
3.3	Synthese magnetischer Grundpartikel	37
	3.3.1 Synthese magnetischer Polyvinylacetat-Partikeln	37
	3.3.2 Synthese von silangecoateten Ferritpartikeln	41
3.4	Physikalische Charakterisierung magnetischer Mikropartikel und Analytik	44
	3.4.1 Magnetisierung	44
	3.4.2 Partikelgrößenverteilung	44
	3.4.3 Weitergehende Charakterisierung der Partikel	45
	3.4.4 Analytische Methoden	46
3.5	Funktionalisierung der PVAc-Partikel	47
	3.5.1 Funktionalisierung mit einem Farbstoff-Liganden	48
	3.5.2 Funktionalisierung mit einer Kationenaustauschergruppe	52
3.6	Verseifung und Funktionalisierung von PVAc-Partikeln	54
	3.6.1 Verseifung von PVAc- zu PVA-Partikel	54
	3.6.2 Funktionalisierung mit einer Kationenaustauschergruppe	55
3.7	Funktionalisierung von silangecoateten Ferritpartikeln	58
3.8	Modellsystem	58
	3.8.1 Lysozym	58
	3.8.2 Ovalbumin	59
	3.8.3 Hühnereiweiß	59
3.9	Proteinbestimmung	60
	3.9.1 Photometrie	60
	3.9.2 Bicinchoninsäure Protein Assay (BCA-Test)	61
	3.9.3 Gelelektrophorese (SDS-Page)	61
3.10	Sorptionsuntersuchungen mit Modellproteinen	63
	3.10.1 Bestimmung der Sorptionsisothermen	63
	3.10.2 Optimierung der Proteinaufreinigung	65
	3.10.3 Untersuchung der Konkurrenzsorption	66
	3.10.4 Aufreinigung von Lysozym aus Hühnereiweiß	67
	3.10.5 Proteinaufreinigung in der Drucknutsche	68
4	**Ergebnisse und Diskussion**	**71**
4.1	Magnetische Mikro und Nanosorbentien	71
	4.1.1 Optimierung des Magnetitgels	71
	4.1.2 Optimierung der Suspensionspolymerisation	78
	4.1.3 Abschließende Optimierung der Synthese magnetischer PVAc-Partikel	85

	4.1.4 Herstellung von PVAc-Nanopartikeln über Miniemulsionspolymerisation	93
	4.1.5 Synthese silangecoateter Ferritpartikel	96
4.2	Funktionalisierung der Mikropartikel und Charakterisierung der Sorptionseigenschaften	100
	4.2.1 Magnetische PVAc-Partikel mit Cibacron Blue Liganden	100
	4.2.2 Optimierung der Sorptionsbedingungen für Lysozym	104
	4.2.3 PVAc-Partikel mit Kationenaustauchergruppen	108
	4.2.4 Verseifung von PVAc-Partikeln und Funktionalisierung mit Kationenaustauschergruppen	112
	4.2.5 Silangecoatete Magnetit-Nanopartikel mit Kationenaustauchergruppen	114
	4.2.6 Elutionsverhalten	115
	4.2.7 Wiederverwendbarkeit der magnetischen Mikrosorbentien	118
4.3	Konkurrierende Proteinsorption	120
	4.3.1 Sorption von Ovalbumin an magnetische Mikrosorbentien	120
	4.3.2 Untersuchung der Konkurrenzsorption von Lysozym und Ovalbumin	122
	4.3.3 Untersuchung der Sorption von Lysozym aus Hühnereiweiß	125
4.4	Aufreinigung von Lysozym aus Hühnereiweiß im Labormaßstab	128
4.5	Demonstration der integrierten Bioseparation	132
	4.5.1 Untersuchungen zur Sorption von reinem Lysozym	132
	4.5.2 Lysozymaufreinigung aus Hühnereiweiß in der Drucknutsche	135
5	**Resumé und Ausblick**	**139**
6	**Literaturverzeichnis**	**143**
7	**Anhang**	**150**
7.1	Grundlagen des Experimentellen Designs	150
7.2	Schematische Darstellung der Ligandenkopplung	153
	7.2.1 Cibacron Blue als Ligand	153
	7.2.2 Kationenaustauscher aktiven Gruppen	155
7.3	Aufreinigung von Lysozym aus Hühnereiweiß in Labormaßtab (PVAc-SACE I)	157
7.4	Lysozym Aufreinigung aus Hühnereier in der Drucknutsche (2. Versuch)	159
7.5	Symbole und Abkürzungen	161

1 Einleitung

Die Aufreinigung von Biomolekülen aus einer komplexen, feststoffhaltigen Mischung ist in der Regel mit einer hohen Anzahl von Unit Operations verbunden. Als Folge kommt es zu hohen Investitionen und Betriebskosten sowie einer Verringerung der Gesamtausbeute, da bei jedem Aufreinigungsschritt mit einem Produktverlust zu rechnen ist. Als Konsequenz gewinnen in den letzten Jahren zunehmend neue Aufreinigungsverfahren an Bedeutung, in denen mehrere Verfahrensschritte kombiniert sowie eine direkte Bioproduktisolierung aus feststoffhaltigen Gemischen erreicht werden. Beispiele hierfür sind die „Expanded Bed Adsorption" (EBA), die wässrige Zweiphasenextraktion (ATPS) sowie Magnetseparationsverfahren unter Verwendung magnetischer Mikrosorbentien.

Entsprechende magnetische Mikrosorbentien zur industriellen Aufreinigung von Biomolekülen aus Biorohsuspensionen sollen im Idealfall nicht nur einfach, kostengünstig und in große Mengen herstellbar sein, sondern auch eine hohe Bindekapazität für das Zielprodukt besitzen. Zudem werden eine niedrige unspezifische Bindung konkurrierender Biomoleküle, eine hohe mechanische und chemische Stabilität sowie eine einfache Reinig- und Wiederverwendbarkeit gewünscht. Schließlich sollen die magnetischen Mikrosorbentien eine enge Partikelgrößenverteilung und gute magnetische Eigenschaften für eine effiziente Magnetseparation besitzen.

Magnetische Partikel aus natürlichen Mineralien, wie z.B. Magnetit oder Maghämit, sind aufgrund niedriger Bindekapazitäten und Selektivitäten nicht in der Lage als Sorbens für biologische Anwendungen zu dienen. Deshalb wurden in den vergangenen Jahrzehnten unterschiedliche Verfahren entwickelt, um magnetische Kernmaterialen (meistens Ferrite) in eine Polymermatrix einzuschließen bzw. mit Silanen oder Polymeren zu Coaten. Die resultierenden Verbundpartikel sind chemisch und mechanisch stabiler und, im Falle der Verwendung geeigneter Polymere, gut einer weiterführenden Funktionalisierung zugänglich. Diese Eigenschaften in Verbindung mit der effizienten und einfach automatisierbaren Handhabung in Volumen bis hinunter zu wenigen Mikrolitern führten dazu, dass heute mehr als vierzig Firmen existieren, die magnetische Mikropartikel in unterschiedlichen Größen und mit einer großen Vielfalt an biospezifischen Funktionalisierungen, insbesondere Antikörpern, für bioanalytische Anwendungen anbieten. Die Einsatzmenge derartiger Partikel liegt jedoch bei wenigen Milligramm pro Probe, so dass Herstellung und Verkauf im Grammmaßstab erfolgen.

Im Hinblick auf eine biotechnologische Nutzung zeigt sich dagegen rasch, dass derzeit kein Anbieter existiert, der magnetische Mikrosorbentien im benötigten Kilogramm oder Tonnenmaßstab vertreibt. Für Partikel mit großen, selbst biotechnologisch erzeugten, Liganden wie

Streptavidin oder Antikörpern ist aufgrund der sehr hohen Herstellungspreise dieser Liganden eine industrielle Synthese in absehbarer Zeit unrealistisch. Dies gilt jedoch nicht für magnetische Mikrosorbentien mit Funktionalisierungen auf chemischer Basis, wie z.B. Ionenaustauscher.

Ziel dieser Arbeit war es daher, im Rahmen eines Verbundvorhabens des Bundesministeriums für Wirtschaft und Technologie die ingenieurstechnischen Grundlagen für eine kostengünstige Synthese funktioneller, magnetischer Mikro- und Nanopartikel zu schaffen sowie die Anwendbarkeit der Mikrosorbentien im Bereich der Bioseparation zu demonstrieren.

Im ersten Abschnitt der Arbeit sollte hierzu die Herstellung magnetischer Grundpartikel hinsichtlich der wichtigsten anwendungsrelevanten Parameter, wie Größenverteilung und magnetische Eigenschaften, optimiert werden. Ausgehend von den Grundpartikeln bestand die Aufgabe des zweiten Teils der Arbeit in der Untersuchung und Bewertung einer umfangreichen Matrix an möglichen Funktionalisierungswegen. Im Rahmen dieser Untersuchungen waren sowohl für Ionenaustauscher- als auch Farbstoffligand-Funktionalisierungen geeignete Möglichkeiten der Aktivierung, der Einbringung von Spacern sowie der Kopplung funktioneller Gruppen zu ermitteln und im Hinblick auf Effizienz aber auch technologische Umsetzbarkeit zu bewerten. Vielversprechende Funktionalisierungsprotokolle sollten einem Scale-up bis zu einem Maßstab von ca. 30g pro Batch unterzogen werden, so dass für eine abschließende Anwendungsdemonstration im Litermaßstab ausreichende Partikelmengen zur Verfügung standen. Neben der Mengenvorgabe wurden zu Beginn die Ziele eines Mindestwerts der magnetischen Sättigungsmagnetisierung größer 20 Am^2/kg und einer mittleren Partikelgröße kleiner als 10 µm, idealerweise kleiner als 5 µm, festgelegt.

2 Theoretische Grundlagen und Stand der Technik

2.1 Anwendungsgebiete und gewünschte Eigenschaften magnetischer Mikrosorbentien

Die gezielte Synthese und Anwendung funktioneller magnetischer Mikrostrukturen für Separationszwecke wird seit den späten 1970ern in der Literatur beschrieben. Die Einsatzgebiete sind dabei nahezu ausschließlich im Bereich der Bioanalytik sowie der Biomedizin zu finden. Beispiele sind die Immobilisierung von Enzymen , die Isolierung und Aufreinigung von Proteinen [1-7] und Nukleinsäuren [8-10] sowie der Einsatz in der medizinischen Diagnostik [1]. Der Einsatz magnetischer Sorbentien in Kombination mit Magnetseparatoren hat gegenüber anderen Techniken zur Proteinaufreinigung erhebliche Vorteile. Die Zielmoleküle können durch diese neue Technik direkt aus Biorohsuspensionen, wie zum Beispiel Blut, Knochenmark, Gewebehomogenisate, Kultivierungsmedium, Fermentationsmedium, Lebensmittel und Wasser selektiv isoliert und aufgereinigt werden [11]. Im Vergleich zu konventionellen Methoden zur Zellseparation ist die Magnetseparation einfach und schnell. Zudem lassen sich Vorgänge wie Pufferwechsel oder Waschschritte einfach realisieren [12].

Die in der Bioseparation eingesetzten magnetischen Sorbentien bestehen in der Regel aus Eisenoxiden bzw. Ferriten, die in eine Polymermatrix eingebettet werden. Idealerweise sollten die magnetischen Mikrosorbentien dabei eine hohe mechanische und chemische Stabilität sowie eine hohe Dichte reaktiver Oberflächengruppen für eine spätere Funktionalisierung besitzen [13]. Schließlich ist eine enge Partikelgrößenverteilung bei mittleren Partikelgrößen größer als 500 nm wünschenswert [1]. Partikel kleiner als 500 nm können ohne zusätzliche Agglomerationseffekte nur noch schwer separiert werden [14, 15]. Zusätzlich sollten die magnetischen Sorbentien eine Sättigungsmagnetisierung von mindestens 35 Am^2/kg oder höher besitzen, um eine Magnetseparation problemlos anwenden zu können [1].

Liegen entsprechende Basispartikel vor, ist in der Regel ein zusätzlicher Funktionalisierungsschritt notwendig, um Mikrosorbentien mit ausreichender Selektivität für das gewünschte Zielmolekül zu erhalten. Hierfür können auch für magnetische Mikrosorbentien die bekannten, in der Chromatographie verwendeten, Liganden und Kopplungsmechanismen eingesetzt werden [1]. Für die Kopplung von Liganden an magnetische Mikrosorbentien werden in der Regel sogenannte Spacer eingefügt, um die Zugänglichkeit von Biomolekülen zu erhöhen [12]. Die folgenden Unterkapitel liefern einen detaillierten Überblick über die Hauptschritte der Synthese magnetischer Mikrosorbentien sowie die dabei eingesetzten Varianten und Techniken.

2.2 Übersicht der Herstellungsverfahren magnetischer Mikrosorbentien

Zu den einfachsten magnetischen Mikrostrukturen gehören sicherlich zerkleinerte Eisenoxide, wie z.B. Magnetit. Natürliche bzw. synthetische magnetische Partikel, insbesondere Magnetit, besitzen jedoch nur eine geringe Sorptionskapazität, so dass sie sich für einen direkten Einsatz als Sorbentien in der Regel nicht eignen [16]. Aus diesem Grund wurden in den letzten Jahrzehnten neuartige Methoden zu Herstellung von magnetischen Mikrosorbentien entwickelt. Grundsätzlich haben magnetische Mikrosorbentien drei Komponenten: die Matrix, magnetische Bestandteile sowie Liganden bzw. funktionelle Gruppen. Als Matrices dienen in der Regel Polymere, als magnetische Bestandteile Magnetit oder gecoatete metallische Partikel, die sich als zentraler Kern oder statistisch verteilt in der Matrix befinden. Außerdem können sie sich an der Matrixoberfläche oder in den Poren befinden (siehe Abbildung 2-1). Bei Liganden handelt es sich zum Beispiel um einfache geladene funktionelle Gruppen oder aber auch um komplexe Biomoleküle wie z.B. Antikörper. Liganden werden in der Regel kovalent an die Oberfläche der Partikel gebunden und haben die Aufgabe eine selektive Aufreinigung der Zielmoleküle zu ermöglichen.

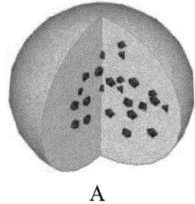
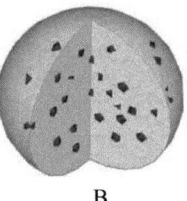

A   B

Abbildung 2-1: Schematische Darstellung magnetischen Mikrosorbentien. A: Idealisierte Annahme einer Konzentration des magnetischen Bestandteils auf den Kernbereich der Partikel. B: Häufiger Realfall einer statistischen Verteilung, die auch die Partikeloberfläche mit einschließt.

Abbildung 2-2 zeigt eine Übersicht grundsätzlicher Typen magnetischer Mikrosorbentien [17]. Die am meisten angewendeten Synthese-Methoden sind Einschluss, Coating und Infiltration sowie eine Kombinationen dieser Verfahren. Bei den Einschlussverfahren werden magnetische Partikel in synthetische Polymere eingebettet oder kovalent eingebunden. Coating-Verfahren charakterisieren sich durch die Beschichtung magnetischer Kernpartikeln mit natürlichen oder synthetischen Polymermatrices. Die dritte Möglichkeit sind die Infiltrationsverfahren, hierzu werden magnetische Nanopartikel oder metallische Ionen wie (Fe^{3+}, Ni^{2+}, Mn^{2+}) in eine poröse Matrix eingebracht oder infiltriert [18].

Als magnetische Materialien werden in der Regel Ferrite verwendet. Ferrite stehen in der Natur in großen Mengen zur Verfügung bzw. sind einfach zu synthetisieren und haben die allgemeine chemische Struktur MO•Fe$_2$O$_3$, wobei „M" z.B. Ba, Sr, Fe, Ni oder Mn ist. Das Eisenoxid Magnetit (FeO•Fe$_2$O$_3$ oder Fe$_3$O$_4$) ist der am meisten benutzte Ferrit bei der Herstellung von magnetischen Partikeln [11].

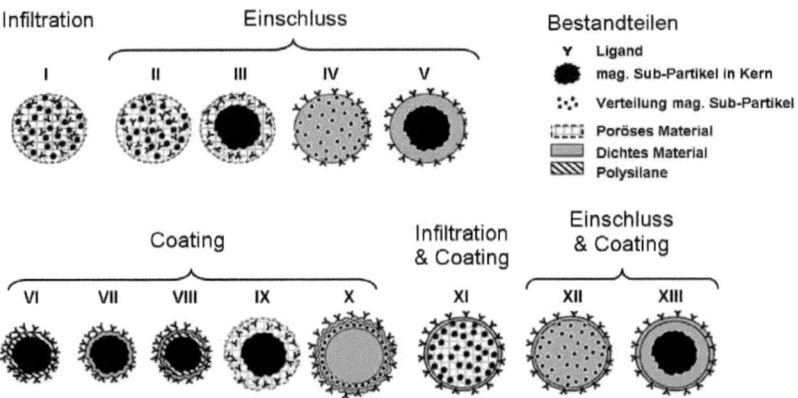

Abbildung 2-2. Unterschiedliche Grundtypen an durch Synthese hergestellten Magnetpartikeln

Das Verfahren des Einschlusses magnetischer Materialen in eine Polymermatrix ist der einfachste und bis heute am meisten angewendete Prozess zur Erzeugung der Grundpartikel für magnetische Mikrosorbentien. Die Herstellung synthetischer Mikro-Polymerpartikel erfolgt dabei in den meisten Fällen durch Suspensions-, Emulsions- oder Dispersionspolymerisationsverfahren. Die resultierenden Magnetbeads besitzen je nach Herstellungsverfahren in der Regel Durchmesser von 0,05 bis über 100 µm.

Eine Alternative zum Einschluss magnetischer Materialien während der Polymerisation ist die erwähnte nachträgliche Infiltration ursprünglich unmagnetischer makroporöser Polymerpartikel. So werden beispielsweise Magnetit-Nanopartikel innerhalb der Poren kommerzieller Sepharosepartikel eingebettet, indem ein Ferrofluid (eine stabile Suspension gecoateter, magnetischer Nanopartikel) durch eine Schüttung der Sepharosepartikel rezykliert wird [19]. Eine weitere, einfachere Methode ist die intensive Durchmischung einer Suspension aus Agarosepartikeln und synthetischem Magnetit, gefolgt von anschließenden Waschschritte zur Entfernung des überschüssigen Magnetits von den Partikeln [20]. Nach dem Eindringen der magnetischen Teilchen in die Partikelporen werden diese agglomeriert und verbleiben in den Poren. [21]. Der Nachteil dieser Infiltrationsmethoden sind ein geringer Anteil magnetischer Komponenten in den Verbundpartikeln und ihre hierdurch bedingten relativ schlechten magnetischen Eigenschaften. Zudem ist der mechanische Einschluss nicht sehr stabil, so dass diese Partikel kontinuierlich eine gewisse Menge magnetischer Substanz abgeben. Wesentlich fester gebunden sind dagegen magnetische Einschlüsse, die durch Infiltration gelöster Eisensalze und anschließende Fällung innerhalb eines makroporösen Polymergerüsts entstehen. Wie am Beispiel der bekannten Dynabeads (Dynal, Invitrogen Corporation, Carlsbad, USA) zu sehen, lassen sich hierdurch sehr gleichförmige Mikropartikel mit guten magnetischen Eigenschaften erzielen. Die Herstellungsprozedur ist jedoch sehr aufwendig und für einen technischen Maßstab wenig geeignet.

Im Bereich des Coating ist die Silanbeschichtung von Eisen- oder Kobaltoxiden das am meisten angewendete Verfahren [22-24]. Normalerweise erfolgt die Beschichtung mit γ–Aminopropyltriethoxy Silan (APTES) und Tetraethoxysilan (TEOS). Silanbeschichtungen besitzen die Vorteile einer hohen Stabilität unter wässrigen Bedingungen (bei neutralem und niedrigem pH-Wert), einer leichten Oberflächenmodifizierbarkeit sowie der Möglichkeit einer Variation der Beschichtungsdicke. Polymere mit funktionellen Gruppen, wie Carbonsäuren, Phosphate oder Sulfate, können ebenfalls an die Oberfläche magnetischer Materialen gebunden werden. Schließlich gibt es weitere für Beschichtungen geeignete Polymere wie beispielsweise Poly(pyrol), Poly(anilin), Poly(alkylcyanacrylat), Poly(methylidenmalonat) und Polyester wie Poly(lactat), Poly(glycolsäuren), Poly(caprolactone) und ihre Copolymere [25].

2.3 Synthese magnetischer Eisenoxid-Nanopartikel

Die Biokompatibilität von Magnetit-Nanopartikeln macht diese, trotz einer gegenüber anderen Materialen, wie Kobalt oder Nickel, geringeren Magnetisierbarkeit, zu dem mit Abstand am häufigsten verwendeten Ausgangsmaterial für durch Einschlusspolymerisationen hergestellte Magnetbeads [4, 11, 26]. Die Synthese von Magnetit-Nanopartikeln kann mit physikalischen Methoden, wie z.B. der Gasphasenfällung oder der Elektronenstrahllithographie, sowie mit nasschemischen und biologischen Methoden erfolgen [27]. Nasschemische Methoden sind dabei aufgrund der einfachen Durchführung sowie der günstigen resultierenden Zusammensetzung und Partikelform weit verbreitet. Derzeit ist Fällung die am häufigsten angewendete Herstellungsmethode für die Produktion von magnetischen Eisenoxiden in der Biotechnologie. Zwei Methoden werden bei der Synthese von Fe_3O_4 bzw. $\gamma-Fe_2O_3$ Nanopartikeln in Lösungen angewendet. Einerseits wird Eisen(II)-hydroxid mit Oxidationsmitteln wie z.B. Nitraten [28, 29] oder Wasserstoffperoxid [28, 29] teiloxidiert. Anderseits wird eine Mischung aus gelösten Fe(II)- und Fe(III)-Salzen durch Zugabe einer Base ausgefällt [30]. Die resultierende Größe, Form und Zusammensetzung der Nanopartikel hängt dabei von der Art der verwendeten Salze, dem pH-Wert und der Ionenstärke des Fällungsmediums ab. Ein Problem bei diesen genannten Methoden ist aber die resultierende breite Partikelgrößenverteilung [31].

Neue Methoden mit einer besseren Kontrolle der Partikelgrößenverteilung wurden in den letzten Jahren entwickelt. Beispiele hierfür sind die Mikroemulsionsmethode und die Hochtemperaturdegradation von organischen Eisenverbindungen. Im Fall der ersten Methode wird eine Wasser in Öl (W/O) Emulsion in Form wässriger und durch Tensidmoleküle stabilisierter Nanotropfen in einer organischen Phase erzeugt. Die stabilisierten Nanotropfen dienen als Nanoreaktoren, in denen eine Synthese von magnetischen Nanopartikeln stattfindet. Der größte Vorteil hierbei ist, dass die Partikelgröße durch eine Variation und Kontrolle der Micellgröße eingestellt werden kann. Gupta [32] stellte durch diese Methode Nanopartikel mit enger Partikelgrößenverteilung mit Durchmessern von 4 und 15 nm her. Zu den Nachteilen zählen das Agglomerationsverhalten der Nanopartikel in den Nanotropfen, die normalerweise geringe Partikelproduktion sowie die nur bei niedrigen Temperaturen durchführbare Fällungsreaktion [33]. Die als zweite Methode genannte thermische Zersetzung von Eisenverbindungen erfolgt dagegen bei höheren Temperaturen. Die durch die Degradation entstehenden Nanopartikel verfügen über eine enge Partikelgrößenverteilung, eine definierte Größe und eine kristalline Struktur. Ein Beispiel wird bei Rockenberger [34] vorgestellt. Durch die bei 250-300°C erfolgende Degradation von FeCup$_3$ (Cup$_3$: N-nitrophenylhydroxylamin) in Octylamine gelingt die direkte Induktion von γ–Fe$_2$O$_3$ mit einem Partikeldurchmesser von 4 bis 10 nm. Diese Methode eignet sich allerdings aufgrund der hohen Kosten sowie der Verwendung giftiger Reagenzien nicht für eine Produktion im größeren Maßstab. In den folgenden Abschnitten werden die physikalisch-chemischen Grundlagen der für die Verfahren der Einschlusspolymerisation und des Coatings wichtigen Prozesse besprochen und der aktuelle Stand dieser Herstellungsverfahren für Magnetbeads vorgestellt. Auf das Verfahren der Infiltration wird dagegen nicht weiter eingegangen, da dieses Verfahren im Rahmen der Arbeit nicht zur Anwendung kann.

2.4 Stabilisierung von Emulsionen und Suspensionen

2.4.1 Stabilisierung von Emulsionen

Eine Emulsion ist eine stabile Verteilung einer Flüssigkeit in einer weiteren homogenen Flüssigkeit, wobei die Flüssigkeiten auf molekularer Ebene nicht mischbar sind. Emulsionen können durch Aufrahmung oder Sedimentation (aufgrund der Gravitationskraft erfolgt eine Trennung der gemischten Phasen in die spezifisch leichtere und die spezifisch schwerere), Ostwald-Reifung (Ripening) oder Koaleszens der Tropfen zerfallen. Um dies zu verhindern werden Emulsionen in der Regel durch weitere Zusätze stabil gehalten. In Abbildung 2-3 sind exemplarisch verschiedene Möglichkeiten eine Emulsion zu stabilisieren dargestellt:

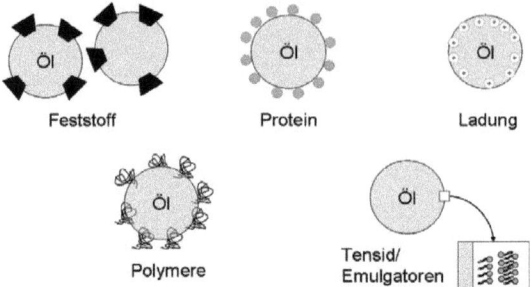

Abbildung 2-3: Hilfsmittels für die Stabilisierung von Emulsionen

Grundsätzlich sind die Stabilisierungsmechanismen von Emulsionen sowie Dispersionen dieselben, wobei zwischen elektrostatischen und sterischen Stabilisierung unterschieden werden kann. Die erste setzt eine Stabilisierung durch eine ausreichende Aufladung der Grenzfläche der Tröpfchen voraus. Die Ladungen entstehen an der Grenzfläche durch adsorbierte Emulgatoren.

Der zweite Stabilisierungsmechanismus beruht auf abstoßenden sterischen Wechselwirkungen höhermolekularer Polymere, sogenannter Stabilisatoren. Die sterische Stabilisierung tritt auf, wenn Makromoleküle (durch Adsorption oder kovalente Bindung) an der Phasengrenze oder Teilchenoberfläche angeheftet sind. Die Tröpfen oder Teilchen bleiben somit weit voneinander entfernt, und die Dispersion ist stabil [35]. Die sterische Stabilisierung ist für technische Emulsions- und insbesondere Suspensionspolymerisationsverfahren geeignet [36]. Hierbei spielt neben dem eigentlichen zur Stabilisierung verwendeten Makromolekül auch das umgebende Lösungsmittel eine wichtige Rolle. Ein für die Herstellung der Emulsion geeignetes Lösungsmittel verhindert eine Verschränkung der Makromoleküle untereinander, da es hierdurch zu einer Agglomeration der Tropfen und damit zu einer Destabilisierung der Emulsion kommen würde. Polyvinylalkohol gehört zu den bevorzugten Stabilisatoren in wässrigen Dispersionen bzw. Emulsionen [36]. Außerdem können Feststoffe sowie Proteine zum Einsatz.

2.4.2 Partikelstabilisierung durch Tenside

Im Falle der Stabilisierung von Partikeln durch elektrostatische Wechselwirkungen kommen überwiegend Tenside zum Einsatz. Hierbei ist aber zu beachten, dass Tensidionen als Gegenionen so stark an der Grenzfläche von Partikeln adsorbiert werden können, dass das resultierende Zetapotential gegen Null geht (Siehe Darstellung (a) in Abbildung 2-4). In diesem Fall wird die

Partikeloberfläche mehr und mehr hydrophob, wodurch es zu einer Destabilisierung der Dispersion kommt [37].

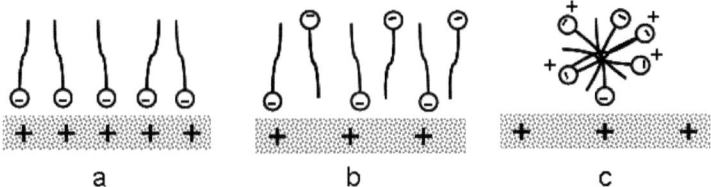

Abbildung 2-4: Bindung von Tensidionen an Festkörperoberflächen. A Absättigung der Ladungen, b Aufbau eines bimolekularen Films, c Bildung eines Oberflächenaggregates

Ein wichtiger Punkt für die Stabilisierung von Dispersionen ist daher die Menge der zugegebenen Tenside. Im Falle eines Überschusses an Tensidionen kommt es zu einer Umladung der Partikeloberfläche und die Dispersion wird stabilisiert. Die Umladung ist eine Folge der starken Aggregationstendenz der Tenside durch den Einbau überschüssiger Tensidionen zwischen die an der Grenzfläche gebundenen Tenside. Somit können bimolekulare Filme entstehen (Darstellung (b) in Abbildung 2-4). Wenn allerdings eine nicht genügende Ladungsdichte an der Oberfläche zu Verfügung steht, werden weniger Tensidionen verankert und es kommt zur Ausbildung von Oberflächenaggregaten (Darstellung (c) in Abbildung 2-4) [36].

2.5 Radikalische Polymerisation

Eine radikalische Polymerisation wird meist durch niedermolekulare Verbindungen (Initiatoren) ausgelöst, die beim Erwärmen oder durch Bestrahlung in Radikale zerfallen. Als Beispiel illustrieren die folgenden Gleichungen den thermischen Zerfall von Benzoylperoxid (BPO) (Gl. 2-1) und die Abspaltung von Kohlendioxid (Gl. 2-2).

$$\text{Ph-CO-O-O-CO-Ph} \longrightarrow \text{Ph-CO-O}\cdot + \cdot\text{O-CO-Ph} \qquad \text{Gl. 2-1}$$

$$\text{Ph-CO-O}\cdot \longrightarrow \text{Ph}\cdot + CO_2 \qquad \text{Gl. 2-2}$$

Entstehung von Phenylradikalen

Die entstehenden Initiatorradikale lagern sich an die π-Bindung der C-C-Doppelbindung eines Monomers (Gl. 2-3) an. Es bildet sich eine neue Radikalstelle aus und analog zur Startreaktion kann das neu gebildete Radikal mit weiteren Monomeren reagieren. Es findet eine Kettenreaktion statt und es beginnt eine Wachstumsreaktion mit weiteren Monomer-Molekülen (Gl. 2-4).

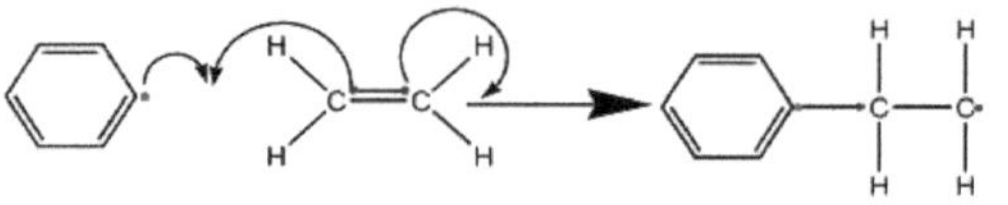

Gl. 2-3

Je nach Anzahl der addierten Monomer-Einheiten entstehen Polymerradikale mit unterschiedlichen Kettenlängen. Die Reaktionskette kommt zu Ende, wenn zwei Radikale miteinander reagieren.

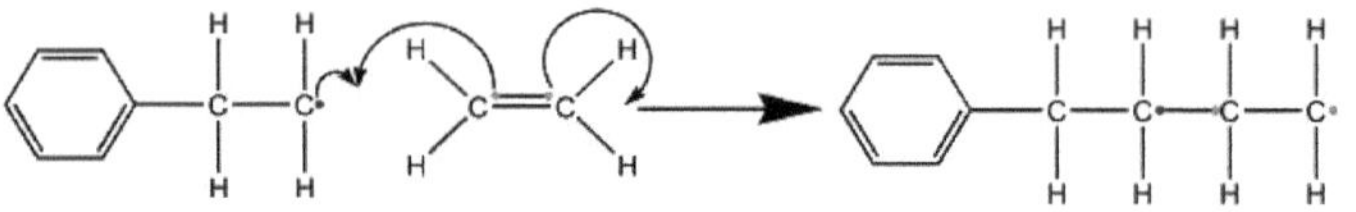

Gl. 2-4

Die Zerfallsgeschwindigkeit der Initiatoren hängt dabei von der Temperatur ab. Der Zerfall in Radikale beginnt demnach schon bei tieferen Temperaturen und wird durch eine Temperaturerhöhung beschleunigt. Typische thermische und wasserunlösliche radikalische Initiatoren sind Azoverbindungen wie Azodiisobutyronitril (AIBN) oder Peroxide wie Dibenzolperoxid (BPO). Unter den wasserlöslichen befinden sich Ammoniumpersulfat (APA) und Natriumpersulfat (SPS).

In Tabelle 2-1 sind die chemischen Strukturformeln der genannten thermischen radikalischen Initiatoren abgebildet.

Tabelle 2-1 Thermische radikalische Initiatoren

wasserlöslich	wasserunlöslich
APS Ammoniumpersulfat 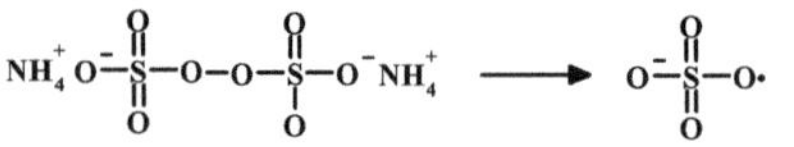	BPO (Di-)Benzoylperoxid 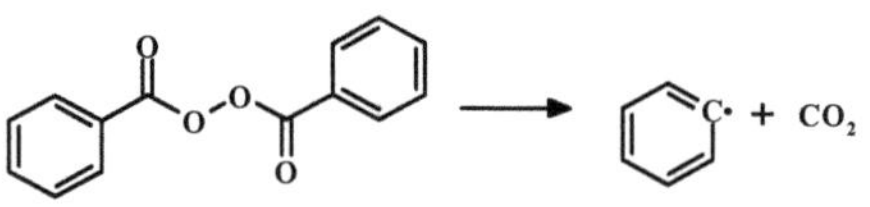
SPS Natriumpersulfat 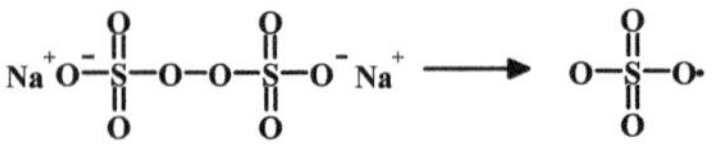	AIBN Azo-bis-(isobutyronitril) 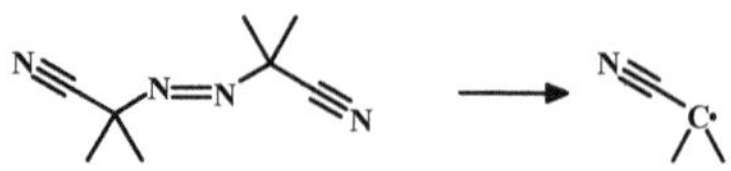

2.6 Suspensionspolymerisation

Eine Suspensionspolymerisation startet in einem zweiphasigen Zustand, bei dem das wasserunlösliche Monomer durch Rühren als disperse Tröpfchenphase in einer Wasserphase gehalten wird. Der Volumenanteil von Monomer zu Polymerisationsmedium liegt normalerweise zwischen 10 bis 50%. Die Monomertröpfchen werden durch Zusatz von Schutzkolloiden stabilisiert. Als solche sind hauptsächlich synthetische oder natürliche wasserlösliche Polymere, wie Polyvinylpyrrolidon (PVP), Polyvinylalkohol (PVA) oder Stärke- und Cellulosederivate, geeignet [38]. Als Ergebnis werden Polymerpartikel als dispergierte Festphase nach der Polymerisation produziert. Die Polymerisation wird durch in der Monomerphase lösbare Initiatoren bei Temperaturen zwischen (20 -100°C) initiiert [39]. In Abbildung 2-5 ist schematisch der Verlauf einer Suspensionspolymerisation dargestellt. Die monomerreiche Phase, hier am Beispiel von Vinylacetat dargestellt, wird bei Erhöhung der Temperatur initiiert und die Polymerbildung beginnt. Im Verlauf der Polymerisation werden in Abhängigkeit des erreichten Polymerisationsgrades drei Stufen unterschieden. Im Bereich der ersten Stufe ist weniger als 0,1% der Monomerphase polymerisiert. In der zweiten Stufe sind kleine Polymerknäuel in der Monomerphase zu erkennen und 30% des Monomers (z.B. Vinylacetat) ist in der organischen Phase noch vorhanden. In der dritten Stufe sind die Monomere vollständig in die Polymere umwandelt.

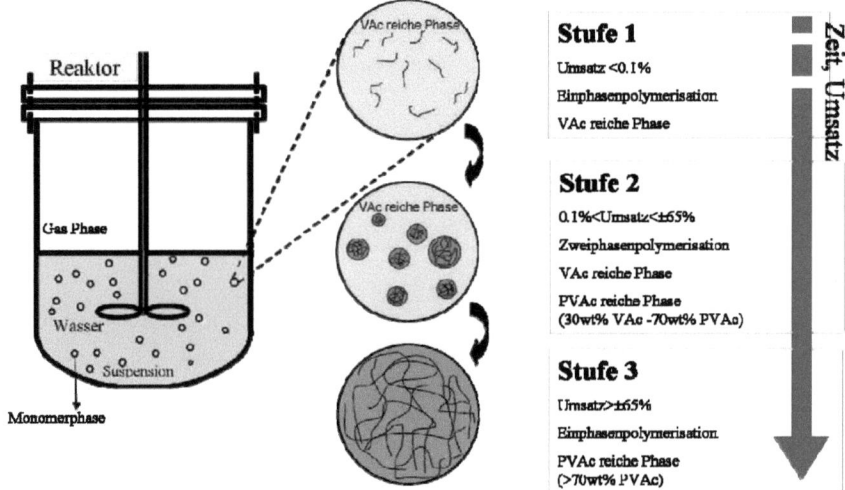

Abbildung 2-5: Schematische Darstellung eines Suspensionspolymerisation

Für das Verfahren ist wichtig, dass die Monomere und Initiatoren nicht oder nur in sehr geringen Maße im Dispersionsmittel löslich sind [36], damit die Polymerisation nur in den Monomertropfen stattfindet. Die Oberflächenspannung, die Rührgeschwindigkeit, der Reaktor und das Rührsystem beeinflussen die Dispersion der Monomertropfen [40]. Die Tropfengröße in der Suspension lässt sich in gewissen Grenzen auch durch Art und Konzentration des Stabilisators beeinflussen [36]. Typische resultierende Partikeldurchmesser liegen im Bereich von 10 μm bis 5 mm [40]. Die

Grenzflächenspannung bedingt die sphärische Form der Tropfen und damit letztendlich der Partikel. Die Morphologie der Polymerpartikel korreliert vor allem mit dem Lösungsverhalten der Monomer/Polymer Mischung. Im Falle der Löslichkeit bzw. Quellbarkeit des Polymers im Monomer werden homogene Partikel mit einer glatten Oberfläche erhalten. Eine Unlöslichkeit des Polymers führt zu porösen Partikeln mit einer rauen Oberfläche. Letzteres wird vor allem für die Synthese von Ionenaustauschern genutzt [39].

Zu den Vorteilen der Suspensionspolymerisation gegenüber anderen Polymerisationsverfahren (Dispersion- bzw. Emulsionspolymerisation) zählen: einfache Wärmeabfuhr und Temperaturkontrolle, niedrige Dispersionsviskosität und Verunreinigungen in der Polymerpartikel. Nachteile des Verfahrens sind eine niedrigere Produktivität bei gleiche Reaktorgröße gegenüber der Dispersionspolymerisation und Probleme bei der Herstellung homogener Co-Polymere [40]. Problematisch sind auch die komplette Abtrennung der Stabilisatoren nach der Polymerisation und die resultierende breite Partikelgrößenverteilung [38].

Im Zusammenhang mit der Herstellung von Magnetbeads für biotechnologische Abwendungen sind insbesondere diese breite Partikelgrößenverteilung und der große mittlere Partikeldurchmesser von in der Regel größer 100 µm die wichtigsten Nachteile der Suspensionspolymerisation. Eine Verbesserung verspricht hier die sogenannte „Spraying Suspension Polymerisation" (SSP) Technik [41]. Damit ist es möglich, magnetische Polymerpartikel mit einer engen Partikelgrößenverteilung und kleiner Absolutgrößen (z.B. 10 µm) herzustellen. Bei der SSP-Technik wird die organische Phase (Monomer, Vernetzer, Radikalstarter und Ferrofluid) in eine temperierte Wasserphase (Wasser, Schutzkolloid) durch eine Düse verteilt.

Durch Suspensionspolymerisationsverfahren sind magnetische Partikel auf Basis zahlreicher Polymere hergestellt worden. Beispiele sind Polyvinylalkohol [18], Polymethylmethacrylat [42], Polyvinylacetat [43] und Co-Polymere wie Polyglycidylmethacrylat-divinylbenzol [44], Polymethylmethacrylat – Divinylbenzol [45]; Polystyreneglycidylmethacrylat–Ethylenglycol dimethacrylat [46]; Poly(styrene-divinylbenzol-glycidyl methacrylat) [47]; Polyvinylacetate–Divinylbenzol [43] und Polyhydroxyethylmethacrylat–Polyethyleneimine [48].

2.7 Emulsionspolymerisation

Die klassische Emulsionspolymerisation geht von einem Reaktionsgemisch aus schwerlöslichen Monomeren, einem Tensid (Emulgator) und einem wasserlöslichem Initiator aus. Die Monomere werden mit Hilfe des Tensids in der kontinuierlichen bzw. Dispersionsphase emulgiert. Ein Teil des Monomers liegt innerhalb von Micellen (5-10 nm) vor, während der andere Teil Tröpfchen (1-10 μm) bildet. Das Volumenverhältnis zwischen Monomer und Dispersionsphase bei der Emulsionspolymerisation ist normalerweise zwischen 0,1 bis 0,5. Die Polymerisation wird bei 40 bis 80°C durchgeführt. Das Reaktionsmedium zu Beginn der Polymerisation ist in Abbildung 2-6 schematisch dargestellt [38]. Die Emulgatoren bilden Mizellen, in deren hydrophobes Inneres die Monomere eindringen und diese aufquellen. Zwischen dem Monomer in den Tropfen und in der Wasserphase stellt sich ein Verteilungsgleichgewicht ein. Da vielmehr Mizellen als Monomertropfen in dem System existieren, ist die Wahrscheinlichkeit größer, dass ein Monomer in die Mizellen eintreten kann, als dass das Monomer in einen Tropfen zurück diffundiert. Hierdurch entsteht ein Diffusionsstrom aus den Monomertropfen in die Mizellen hinein, wobei die Monomertropfen als Reservoir wirken [36]. Durch die radikalische Polymerisation mit einem wasserlöslichen Initiator wird die Emulsion in eine stabile Dispersion von Polymerpartikeln überführt.

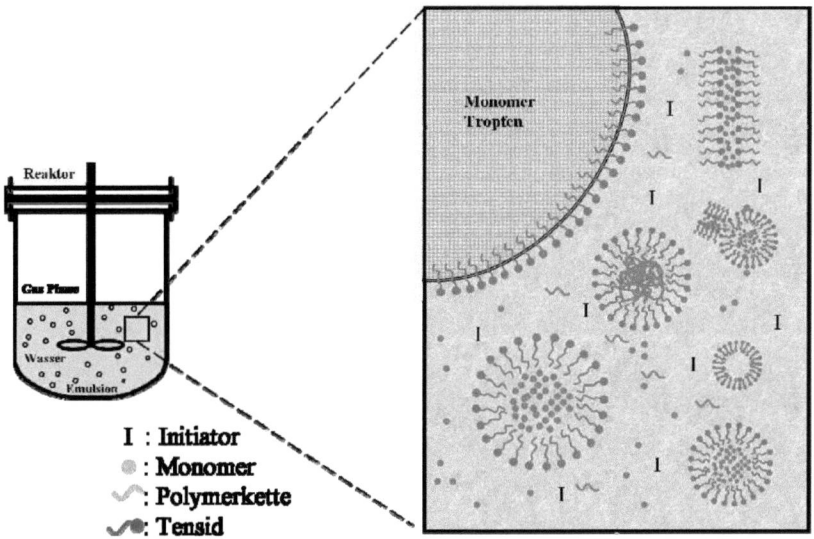

Abbildung 2-6: Schematische Darstellung einer Emulsionspolymerisation [38]

Grundsätzlich wird die Emulsionspolymerisation in drei Phasen eingeteilt. Die erste Phase ist die Teilchenbildung und beginnt mit dem Zerfall des Initiators und der Bildung von Radikalen innerhalb der wässrigen Phase. Die Radikale wandern nahezu vollständig zu den Mizellen und initiieren dort die Polymerisation. Folglich wird ein Teil der Mizellen zu Polymerpartikeln polymerisiert. In die wachsenden Polymerpartikel diffundiert das Monomer über die Wasserphase aus dem Tropfenreservoir [38].

In der zweiten Phase bleibt die Partikelanzahl unverändert und der Verbrauch des Monomers wird durch Diffusion aus dem Tropfenreservoir kompensiert, wodurch die Monomerkonzentration innerhalb der wachsenden Polymerpartikel konstant ist. In dieser Phase ist die Polymerisation daher quasi-stationär. Die letzte Phase ist die Monomerverarmungsphase. Hierbei werden die Monomertropfen aufgebraucht. Die Monomerkonzentration innerhalb der Polymerpartikel sinkt ab, während der Umsatz zu Ende kommt und die Polymerpartikel die letztendliche Partikelgröße von ca. 50-300 nm erreichen [38].

2.8 Miniemulsionspolymerisation

Ein weiteres, der Emulsionspolymerisation verwandtes, Verfahren ist die Miniemulsionspolymerisation. Miniemulsionen stellen durch Tensid/Cotensid-Kombination stabilisierte Monomertröpfchen dar, die unter der Einwirkung sehr starker Scherkräfte gebildet werden und kleiner als ein Mikrometer sind. Als Cotenside werden Kohlenwasserstoffe wie zum Beispiel Hexadecan [49] verwendet. Die in der wässrigen Phase nahezu unlöslichen Cotenside reduzieren die als Oswald-Reifung bezeichnete Diffusion des Monomers von kleineren zu größeren Tropfen. Durch die Oswald-Reifung sind Miniemulsionen thermodynamisch instabil. Die Zugabe von Cotensiden verlangsamt den Reifungsprozess aber derart, dass die Nukleation in den kleineren Monomertropfen stattfinden kann [50]. Durch Miniemulsionen sind Polymerpartikel mit Partikelgrößen von 50 bis 500 nm synthetisierbar. Die Größe der Monomertröpfchen und damit der Polymerpartikel wird entscheidend von der durch Scherung in die Präemulsion eingetragenen Energie beeinflusst. Die Polymerisation findet analog der Emulsionspolymerisation in den durch das Tensid/Cotensid stabilisierten Monomertröpfchen statt. Der Mechanismus der Partikelbildung, das Partikelwachstum sowie der Einfluss der Intiatorkonzentration ist von Miller [51] und Asua [50] ausführlich untersucht worden.

Als Initiatoren können wasserlösliche Stoffe verwendet werden. Mori [52] hat die Auswirkung von hydrophoben und hydrophilen Initiatoren auf die Miniemulsionspolymerisation von Polystyrol untersucht und festgestellt, dass bei hydrophoben Initiatoren wie z.B. Azo-bis-(isobutyronitril) (AIBN) die Partikel kleiner 100 nm werden. Wird stattdessen der hydrophile Initiator Kaliumpersulfat (KPS) verwendet, steigt die Partikelgröße auf ca. 300 nm.

Ramírez [53] benutzte Styrol als Monomer und gecoatetes Magnetit für die Herstellung von magnetischen Nanopartikeln durch das Miniemulsionsverfahren. Styrol und ein hydrophobes Cotensid (Hexadecan) wurden zusammen mit einer Lösung aus Natriumdodecylsulfat (SDS) in Wasser durch Ultraschall emulgiert. Parallel dazu wurde der gecoatete Magnetit in Octan gelöst und zu einer SDS/Wasser Lösung gegeben. Nach der Evaporation des Octans wurde die Lösung mit der Styrol-Emulsion vermischt und in Ultraschall homogenisiert. Die neue stabile Miniemulsion wurde nach der Zugabe von einem Initiator (KPS) und der Erhöhung der Temperatur auf bis zu 80°C polymerisiert. Die so erzeugten magnetischen Polystyrol-Nanopartikel besitzen ein Partikelgröße von ca. 60 nm und eine Sättigungsmagnetisierung von ca. 53 Am^2/kg.

Liu [31] beschreibt die Synthese von Polymethylacrylat-Divinylbenzol Nanopartikeln durch Miniemulsionspolymerisation. Um magnetische Nanopartikel in ein Monomer einzubetten, wurden erst Magnetit-Nanopartikel mit Ölsäure beschichtet und die entstandenen hydrophoben Partikel in (Methylacrylat) und (Divinylbenzol) suspendiert. Diese organische Phase wurde in einer Wasserphase zusammen mit Natriumdodecylsulfat und Cetylalkohol mit Hilfe von Ultraschall emulgiert. Als Initiator wurde wegen seines hydrophoben Verhaltens BPO (Benzoylperoxid) verwendet. Die resultierenden magnetischen Partikel besitzen mittlere Durchmesser von ca. 390 nm und eine Sättigungsmagnetisierung von 7 Am^2/kg.

Für die Miniemulsionspolymerisation verwendete Polymere umfassen Polystyrol [12], Polydivinylbenzol [54] sowie Polyethylcellulose [55]. Andere Autoren verwenden Copolymere wie z.B. Polymethylmethacrylate - Polyethyleneglycoldimethacrylate [56], Polymethylmethacrylate Polymethylmethacrylateco-methacrylic-Acid [57] und Polymethacrylate-divinylbenzene [31].

2.9 Dispersionspolymerisation

Die Dispersionspolymerisation unterscheidet sich von der Emulsions- und Suspensionspolymerisation insofern, dass sowohl das Monomer als auch der Initiator in dem Dispersionsmittel löslich sind, aber das synthetisierte Polymer dagegen vollkommen unlöslich ist [38]. Die Polymerisationsmischung ist zunächst eine homogene Lösung, in der die Polymerisation gestartet wird. Nach der Initiierung läuft die Polymerisation ab und es bilden sich Polymerketten, die in dem Dispersionsmedium unlöslich sind [36]. Der Polymerisationsprozess führt zu Partikeln mit Durchmessern von 0.1 – 10 µm. Durch Zusatz von Polymeren als Schutzkolloide wird die Koagulation der Polymerpartikel verhindert. Diese Schutzkolloide werden auf der Partikeloberfläche adsorbiert und sind für die sterische Stabilisierung der dispersen Phase verantwortlich. Als Schutzkolloide für die Polymerisation in polaren Dispersionsphasen werden Polymere mit polaren Gruppen, wie Poly(vinylpyrrolidon) oder Poly(vinylalkohol) eingesetzt. Als Dispersionsphase werden meist Kohlenwasserstoffe [58] oder C1-C5 Alkohole bzw. Alkohol/Wasser-Mischungen [59] verwendet. Die Partikelgröße bei der Dispersionspolymerisation hängt von der Polymerisationstemperatur, dem Monomer bzw. der Initiatorkonzentration sowie Art und Konzentration des Stabilisators ab. Bei der Dispersionspolymerisation werden in der Regel keine oder nur sehr niedrige Vernetzer Konzentration (kleiner als 0,2% (w/w)) verwendet, um die Monodispersität der Partikel nicht zu beeinflussen.

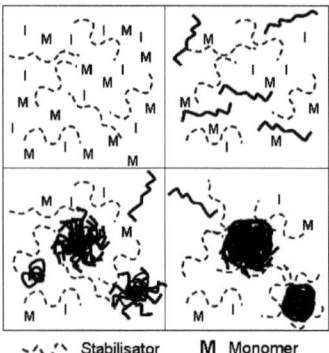

Abbildung 2-7: Schematische Darstellung eines Dispersionspolymerisation [36]

Jiang [21] beschreibt z.B. die Herstellung von magnetischen Mikrosorbentien durch Dispersionspolymerisation gefolgt von Infiltration und Oxidation von Fe^{2+}-Ionen. Hierzu wurden Polyvinylpyrrolion (PVP), Glycidylmethaacrylat (GMA) und 2,2´-azobis-(isobutyronitril) (AIBN) in Ethanol gelöst und eine dreistündige Polymerisation bei 70°C durchgeführt. Hierbei dient PVP als Stabilisator, GMA ist das Monomer und AIBN der Radikalstarter. Nach der Polymerisation wurden die Partikel in Wasser suspendiert und mittels 6M HCl auf einen pH-Wert von pH 3 titriert. Danach wurde $FeSO_4 \cdot 7H_2O$ hinzugegeben und 12 Stunden bei Raumtemperatur in die Partikel infiltriert. Anschließend wurden $NaNO_2$ und 25% NH_3 zugegeben und die Reaktion bei 40°C für 2 Stunden durchgeführt. Die resultierenden magnetischen Partikel sind 5µm groß, monodispers und haben eine Sättigungsmagnetisierung von ca. 13 Am^2/kg. Tabelle 2-2 fasst zum Abschluss für die drei wichtigsten Polymerisationsverfahren nochmals die grundsätzlichen Charakteristika zusammen.

Tabelle 2-2: Klassische Herstellungsverfahren von Polymerpartikel [36]

	Emulsionspolymerisation	Suspensionspolymerisation	Dispersionspolymerisation
Dispersionsmittel	Wasser, Wasser/Alkohol	Wasser	Wasser, organ. Flussigkeit
Löslichkeit der Monomer in Dispersionsmittel	Gering	Gering	Hoch
Emulgator	Emulgatorfrei, ionisches/nichtionische Tensid oder Polymere	Polymer	Polymer, Polyelektrolyt
Initierung	Radikalisch im Dispersionsmittel	Radikalisch im Monomertropfen	Radikalisch oder ionisch im Dispersionsmittel

2.10 Coatingverfahren

Wie in der Übersicht in Abbildung 2-2 bereits angedeutet, benutzten Coatingverfahren für magnetische Partikel zumeist Silanverbindungen. Diese haben die Vorteile einer hohen Stabilität unter wässrigen Bedingungen und einer leichten Modifizierbarkeit der resultierenden Oberflächen [25]. Zudem ist es bekannt, dass Eisenoxide eine hohe Affinität gegenüber Silanolgruppen und dadurch eine gute Haftfähigkeit für diese Beschichtung besitzen [24]. Zur Beschichtung von Nanopartikeln mit Silanen finden überwiegend die Stöber-Methode [60] und Sol-Gel-Prozesse [61] Anwendung. Die Beschichtungsdicke kann durch Variation der Silan-Konzentration und durch die Dauer des Coatingvorgangs eingestellt werden. Lu et al. [25] demonstrierten, dass kommerziell erhältliche Ferrofluide durch Hydrolyse von Tetraethoxysilan (TEOS) direkt mit einer Silanolbeschichtung versehen werden können. Da die Eisenoxidoberfläche eine starke Affinität zu Silanol hat, wurde kein Starter benötigt, um die Anbindung des Coatings zu unterstützen. Durch den hydrophilen Charakter der Silanole sind die beschichteten Nanopartikel in Wasser ohne Zusatz von Tensiden erneut dispergierbar [25]. Shi et al. stellten gleichförmige magnetische Nanokugeln (ca. 270 nm Durchmesser) mit einem magnetischen Kern und einer mesoporösen Schalenstruktur her [62]. Die Synthese basierte auf einer dünnen, aber dichten Silanol-Beschichtung auf Hämatit-Partikeln mittels eines „Stöber-Prozesses" und einer nachfolgenden, zweiten Beschichtung mit einer mesoporösen Silanol-Schicht durch simultane Sol-Gel-Polymerisation von TEOS und n-Octadecyltrimethoxysilan.

In den letzten Jahren gewinnen Coatingverfahren zur Beschichtung von magnetischen Partikeln mit funktionellen Polymeren durch „Layer-By-Layer" Methoden immer mehr an Bedeutung [24, 63-65]. Die Beschichtung submikrometergroßer Magnetitpartikel verläuft zum Beispiel über eine abwechselnde Reaktion mit dem der kationischen Polyelektrolyt Poly(diallyldimethylammoniumchlorid) (PDADMAC) und dem anionischen Polyelektrolyt PSS (poly(sodium 4-styrenesulfonate)). Die elektrostatischen Wechselwirkungen zwischen den negativ anfänglich geladenen Nanopartikeln und dem kationischen Polyelektrolyt wird genutzt, um die erste Polymerschicht aufzubauen. Zusätzlicher Polymerschichten können durch die Wechselwirkung der entgegengesetzt geladenen Polymere erreicht werden [24].

Die folgende Tabelle 2-3 liefert eine, wenn auch sicherlich unvollständige Übersicht zu den in der Literatur beschriebene Synthesen magnetischer Polymerpartikel. Neben dem verwendeten Polymer und der Herstellungsmethode sind, falls verfügbar, auch die wichtigsten Parameter (Durchmesser, Magnetisierung) der resultierenden Partikel angeführt.

Tabelle 2-3: Übersicht der durch Coating und Einschlusspolymerisation synthetisierten Magnetbeads

Polymer	Mag. Teil	Verfahren	Medium	Initiator	Matrix	Durchmesser µm	Magnetisierung Am²/kg	Referenz
APTES	Fe_3O_4	Coating	-	-	nicht porös	0,5	k.A.	Hubbuch, 2002 [7]
APTES	Fe_2O_3	Coating	-	-	nicht porös	0,032	k.A.	Hubbuch, 2002 [7]
DMPG	Fe_3O_4	Coating	-	-	nicht porös	0,03	k.A.	Bucak ,2003 [13]
P(PHEMA)	Fe_3O_4	Dispersionspolymer.	O/W	AIBN	porös	80 - 120	k.A.	Odabasi, 2004 [108]
P(GMA-TRI)	Fe^{2+}	Dispersionspolymer.	W/E	AIBN	nicht porös	5	13	Jiang, 2007 [20]
P(MMA)	Ni/Co/Fe	Dispersionspolymer.	W/E	AIBN	nicht porös	4	5	Tierno, 2006 [109]
P(HEMA/EDMA)	Fe^{3+}	Dispersionspolymer.	T/Ipro	BPO	nicht porös	1,1	k.A.	Spanova, 2004 [110]
P(HEMA/GMA)	Fe_3O_4	Dispersionspolymer.	T/Ipro	BPO	nicht porös	1,7	k.A.	Spanova, 2004 [110]
P(GMA)	Fe_3O_4	Dispersionspolymer.	GMA/E	AIBN	nicht porös	0,7	k.A.	Spanova, 2004 [110]
P(GMA)	Fe_3O_4	Dispersionspolymer.	GMA/E	AIBN	nicht porös	1,6	k.A.	Altintas, 2007 [111]
P(AA/RN-10)	Fe_3O_4	Emulsionspolymer.	O/W	UV	nicht porös	2 - 5	24,8	Shang, 2006 [112]
P(EGDMA/MMA)	Fe_3O_4	Emulsionspolymer.	O/W	ACVA	nicht porös	0,1	k.A.	Khng, 1998 [55]
Ethylcellulose	Fe^0	Emulsionspolymer.	O/W	k.A.	-	0,350	k.A.	Arias, 2007 [54]
P(DVB)	Fe_2O_3	Emulsionspolymer.	O/W	PPS	nicht porös	0,046	33	Boguslavsky, 2008 [53]
P(MMA-MAA)	Fe_3O_4	Emulsionspolymer.	O/W	KPS	nicht porös	0,1	3,5	Wang, 2005 [56]
P(Styrol)	Fe_3O_4	Emulsionspolymer.	O/W	KPS	nicht porös	0,5	k.A.	Yanase, 1993 [113]
P(Styrol)	Fe_3O_4	Miniemulsionpolymer.	O/W	k.A.	nicht porös	0,3	20	Mori; 2007 [51]
P(Styrol/Silica)	Fe_3O_4	Miniemulsionpolymer.	O/W	KPS	nicht porös	0,12	40	Xu,2006 [114]
P(MA-DVB)	Fe_3O_4	Miniemulsionpolymer.	O/W	BPO	nicht porös	0,39	7,8	Liu,2005 [30]
P(Styrol)	Fe_3O_4	Miniemulsionpolymer.	O/W	KPS	nicht porös	0,06	53	Ramirez, 2003 [52]
P(VA)	Fe_3O_4	Suspensionspolymer.	W/O	k.A.	nicht porös	1,8	34	Bozhinova, 2004 [17]
P(MMA)	Fe_3O_4	Suspensionspolymer.	O/W	BPO	nicht porös	6	k.A.	Bozhinova, 2004 [17]
P(VAc)	Fe_3O_4	Suspensionspolymer.	O/W	BPO	nicht porös	2,5	k.A.	Bozhinova, 2004 [17]
P(PHEMA/PEI)	Fe_3O_4	Suspensionspolymer.	O/W	BPO	porös	100-140	k.A.	Türkmen, 2006 [47]
P(St-DVB-GMA)	Fe_3O_4	Suspensionspolymer.	O/W	BPO	nicht porös	4-7	3,3	Liu, 2003 [112]
P(VAc-DVB)	Fe_3O_4	Suspensionspolymer.	O/W	BPO	nicht porös	1-10	20	Ma,2005 [113]
P(MMA-DVB-GMA)	Fe_3O_4	Suspensionspolymer.	O/W	BPO	nicht porös	6,4	7,3	Ma,2004 [46]
P(AM)	Fe_3O_4	Suspensionspolymer.	O/W		nicht porös	180	8	Cocker, 1996 [114]
P(VAc-DVB)	Fe_3O_4	Suspensionspolymer.	O/W	AIBN	porös	8-35	2,6	Guo, 2003 [42]
P(GMA-TAIC-DVB)	Fe_3O_4	Suspensionspolymer.	O/W	AIBN	k.A.	71,6	k.A.	Yu, 2001 [115]
P(MA-DVB)	Fe_3O_4	Suspensionspolymer.	W/O	k.A.	nicht porös	5	13,8	Ma, 2004 [46]
P(PHEMA)	Fe_3O_4	Suspensionspolymer.	O/W	AIBN	porös	80 - 120	k.A.	Akgöl, 2005 [116]
P(St-EGDMA-GMA)	Fe_3O_4	Suspensionspolymer. (SSP)	O/W	BPO	nicht porös	9,8	15,2	Yang, 2006 [45]
P(St-DVB)	Fe_3O_4	Suspensionspolymer. (SSP)	O/W	BPO	nicht porös	10	23,1	Guan, 2005 [30]

Monomere: APTES (Aminopropyltriethoxysilan); DMPG ((1,2-myristoyl-sn-glycero-3-phospho-Natriumsalz); HEMA (2-hydroethyl methacrylat); GMA-TRI (glycidyl-methacrylat/trimethylolpropan trimethacrylat); MMA (methyl-methacrylat); EDMA (ethylen glycol dimethacrylat; AA/RN-10 (Acryl Säure/Nonylphenoxy Propenyl Polyathylatalkohol); DVB (Dininylbenzol); MAA (methyl-methacrylatco-methacrylic acid); MA (methyl-acrylat); VA (Vinylalkohol); VAc (Vinylacetat); PEI (ethylenimine); St (Styrol); AM (Acrylamid); TAIC (triallyl-isocyant); EDGMA (glycidyl-methacrylat).

Medium: O/W (Öl in Wasser); W/O (Wasser in Öl); W/E (Wasser in Ethanol); T/Ipro (Toluol in Isopropanol); GMA/E (Glycidyl-methacrylat in Ethanol)

Initiatoren: BPO (Benzoylperoxid); AIBN (Azo-bis-(isobutyronitril)); UV (Ultraviolet); ACVA (4,48-Azobis (4-cyanovalersaaure)); PPS (Kaliumpersulfat); KPS (Kaliumpersulfat).

2.11 Funktionalisierung

Die entsprechend der in den vorhergehenden Kapiteln beschriebenen Methoden synthetisierten magnetischen Polymerpartikel eignen sich in der Regel nicht direkt für eine selektive Aufreinigung von Biomolekülen. Um die benötige Selektivität zu erreichen, müssen in weiteren Syntheseschritten spezifische Liganden auf der Polymeroberfläche generiert werden. Hierzu werden im Allgemeinen zunächst die Polymersmatrices durch chemische Modifizierung aktiviert, um in einem weiteren Schritt mit Liganden funktionalisieren zu werden. Der Funktionalisierungsprozess schließt somit die Aktivierung der Oberfläche sowie die Kopplung des Liganden ein. Dabei erfolgt die Anbindung des Liganden normalerweise über eine kovalente Bindung an die Polymermatrix. Zwischen der Aktivierung und der Kopplung des eigentlichen Liganden erfolgt oftmals noch eine kovalente Anbindung eines in Bezug auf die Sorption inertem langgestreckten Moleküls, d.h. eines sogenannten Spacers.

2.11.1 Aktivierung

Unter der Aktivierung der Matrix versteht man deren chemische Modifizierung, um die Immobilisierung eines Liganden zu ermöglichen. Die gewählte Aktivierungsmethode muss sowohl mit der Matrix als auch mit dem verwendeten Liganden kompatibel sein. In der Literatur, zum Beispiel bei Hermanson [66], wird eine Vielzahl an Aktivierungsmethoden für verschiedene Matrices aufgeführt.

Man kann hierbei die Aktivierungsverfahren aufteilen in Methoden, die zu einer direkten Anbindung des Liganden an die Matrixoberfläche führen und Methoden, die die Einführung eines „Spacers" zwischen Matrix und Ligand bewirken.

2.11.2 Spacer

Ein Spacer-Molekül sorgt in seiner Funktion als „Abstandshalter" dafür, dass der Ligand (siehe 2.11.3) nicht direkt auf der Matrixoberfläche gebunden wird, sondern ein definierter Abstand eingehalten werden kann. Dadurch werden ungünstige sterische Effekte zwischen Partikel und Zielmolekül verringert sowie die Zugänglichkeit des Liganden verbessert [67, 68] (siehe auch Abbildung 2-8). Die Länge des Spacers ist entscheidend und muss für jeden Fall individuell optimiert werden. Typische Spacer haben ein Kohlenstoffgerüst von 6 bis 14 C-Atomen [69]. Zu kurze Spacer sind uneffektiv und der Ligand kann nicht in optimalen Kontakt mit dem Zielmolekül kommen. Zu lange Spacer können dagegen Proteine unspezifisch binden und somit die Selektivität verschlechtert. Lange Spacer benötig zudem mehrere Zwischenreaktionen, die niemals zu 100%

ablaufen und hierdurch zu einer Verminderung der verfügbaren funktionellen Gruppen und aufgrund des undefinierten Kettenendes ebenfalls zu verringerter Selektivität führen.

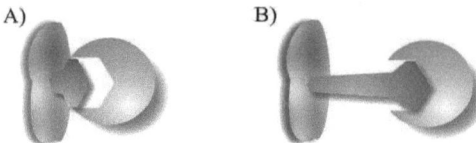

Abbildung 2-8: Schematische Darstellung der Zugänglichkeit von Zielmolekühl mit und ohne Spacer [68]

2.11.3 Anforderungen an Liganden

Im Rahmen dieser Arbeit steht der Begriff „Ligand" für in der Regel kovalent an die Polymermatrix oder einen Spacer gebundene chemische Gruppen oder Makromoleküle, die eine spezifische Bindung von biologischen Zielmolekülen ermöglichen. Die Bindung zwischen Ligand und Biomolekül soll dabei reversibel sein. Außerdem darf durch die Bindung die Stabilität und Funktionalität des Biomoleküls nicht negativ beeinflusst werden.

Bei der Generierung oder kovalenten Kopplung von Liganden an eine Polymermatrix ist in der Regel eine möglichst hohe Ligandendichte erwünscht. Zum einen wird dadurch die Matrixoberfläche mit Liganden abgedeckt und die unspezifische Bindung von Proteinen vermindert. Zum anderen ergeben sich durch eine höhere Ligandendichte höhere Bindungskapazitäten und Selektivitäten. Liganden besitzen in der Regel chemische Gruppen, die für eine kovalenten Kopplung an die Matrix verwendet werden können. Die häufigsten dieser chemischen Gruppen sind NH_2, COOH, CHO, SH oder OH.

2.11.4 Affinitätsliganden

Affinitätsliganden sind chemischen Gruppen oder Makromoleküle, die durch biospezifische Wechselwirkungen eine sehr hohe Selektivität für ein Zielmolekül aufweisen. Die Affinitätsliganden unterteilen sich in monospezifische Affinitätsliganden mit einer Dissoziationskonstanten (K_d-Wert) des gebildeten Ligand / Zielmolekül Komplexes zwischen 10^{-7} und 10^{-15} M und allgemeinen oder gruppenspezifischen Affinitätsliganden mit K_d-Werten zwischen 10^{-4} und 10^{-6} (Definition des K_d-Werts siehe Kapitel 2.13) [70, 71]. Zu den monospezifischen Liganden zählen in erste Linie biologische Makromoleküle (wie z.B. Antikörper), die in ihrem aktiven Zentrum das jeweilige Zielmolekül (Antigen) spezifisch binden. Gruppenspezifische Liganden wirken dagegen auf eine ganze Klasse in ihrem Aufbau ähnlicher Biomoleküle [71]. Ein Beispiel hierfür sind die im Folgenden vorgestellten sogenannten Dye oder Farbstoff-Liganden.

2.11.5 Farbstoff-Liganden

Farbstoff-Liganden sind eine wichtige Klasse gruppenspezifischer Affinitätsliganden und sind in der Lage viele Arten von Proteinen zu binden. Besonders bekannt hierfür sind die Azo-Farbstoffe. Diese zu niedrigen Kosten kommerziell verfügbaren Moleküle können insbesondere an Matrices mit Hydroxyl-Gruppen einfach gekoppelt werden. Farbstoff-Liganden können die Strukturen von Enzym-Substraten, Kofaktoren oder Bindungspartnern von Proteinen imitieren. Normalerweise bestehen Farbstoff-Liganden aus einem Chromophor (griech. Farbträger), wie der Azo-Gruppe, Anthrachinon oder Phthalocyanin, das mit einer reaktiven Gruppe wie Monochlortriazin oder Dichlortriazin verbunden ist. Außerdem verfügen sie oftmals über Sulfonsäure-Gruppen, die die Löslichkeit der Moleküle in wässrigen Medien verbessert. Manche Farbstoffe haben zusätzlich noch Carboxyl-, Amin-, Chlor- oder Metalkomplexgruppen. Durch diese funktionellen Gruppen ist die Bindung von Farbstoff-Liganden an Polymermatrices über verschiedene Reaktionswege möglich [72]. Cibacron Blue F3GA und Porcion Red HE-3B sind Beispiele für kommerziell verfügbare Farbstoff-Liganden [68].

Die Interaktion zwischen Farbstoff-Liganden und Proteinen ergibt sich aus einem komplexen Zusammenspiel von elektrostatischen und hydrophoben Wechselwirkungen sowie auf der Ausbildung von Wasserstoffbrückenbindungen. Die Bindung des Proteins erfolgt über einen definierten Bereich der Proteinoberfläche, so dass eine räumlich gerichtete Bindung zu beobachten ist. Ein gut untersuchtes Beispiel ist die Interaktion von Cibacron Blue F3G-A mit vielen Oxidoreduktasen, Phosphokinasen und ATPasen [73]. Bei den für die Interaktion wichtigen chemischen Gruppen des Farbstoff-Liganden handelt es sich um den Anthrachinonrest zusammen mit dem Benzolsulfonatring. Die Bindung zwischen Cibacron Blue und dem Enzym findet auf eine ähnliche Art und an der gleichen Position statt, wie die Bindung der natürlichen, biologischen Kofaktoren NAD (Nicotinsäureamid-Adenin-Dinucleotid) oder NADH [67, 74, 75]. Neben kofaktorabhängigen Enzymen ist Cibacron Blue auch in der Lage zahlreiche andere Proteine, wie Albumin, Lipoprotein, Blutgerinnungsfaktoren und Interferon unspezifisch durch elektrostatische bzw. hydrophobe Interaktionen zu binden [68].

Cibacron Blue F3GA ist einer der meist verbreiteten Farbstoff-Liganden in der Affinitätschromatographie und wird auch im Rahmen dieser Arbeit verwendet. Das Farbstoffmolekül besitzt vier unterschiedliche Struktureinheiten (siehe Abbildung 2-9): (a) einen Sulfonat-Anthrachinon-Rest, (b) ein überbrückendes Diaminbenzolsulfonat, (c) eine reaktive Chlortriazin-Gruppe und (d) ein o-Aminobenzolsulfonat. In Abbildung 2-9 ist die Strukturformel und eine simulierte 3D- Struktur des Farbstoffs dargestellt. Die vier Hauptstrukturen sind durch sekundäre Aminobrücken verbunden und haben sowohl aromatische als auch anionische

Eigenschaften, sowie die Fähigkeit zur Ausbildung von Wasserstoffbrücken [67].

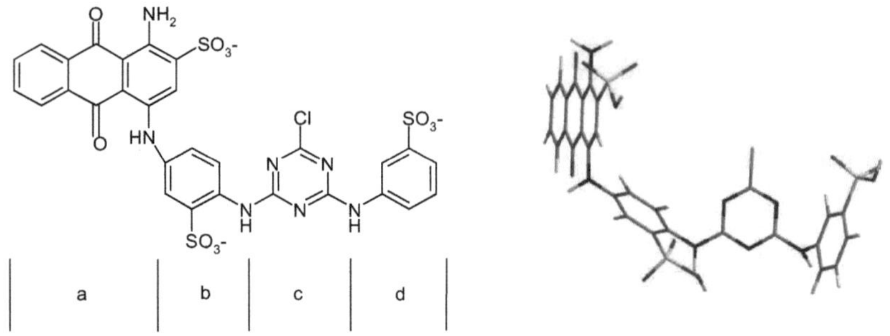

Abbildung 2-9: Strukturformel und simulierte 3D Struktur von meta-Cibacron Blue

In der Literatur finden sich Beispiele für die Kopplung von Cibacron Blue sowohl an unmagnetische als auch magnetische Polymerpartikel. Zu den verwendeten Sorbenspartikeln gehören unter anderem Polyvinylalkohol, Polyhydroxyethylmethacrylat und Polyvinylbutyral. Die resultierenden Sorbenspartikel wurden für die Aufreinigung von Biomolekülen (z.B. Lysozym, Bovin Serum Albumin; Albumin) und zur Elimination von Schwermetallen angewendet. In **Tabelle 2-4** sind die wichtigsten Kenndaten dieser Beispiele zusammengefasst.

Tabelle 2-4: Beispiele von mit Cibacron Blue funktionalisierten Partikel

Polymer	Matrix	Durchmesser µm	Magnetisierung Am^2/kg	Endgruppe	Ligand	Liganddichte µmol/g	Anwendung	Referenz
P(HEMA)	porös	80 - 120	k.A.	hydroxil	CB	42,8	Lys.	Odabasi, 2004 [108]
PVA	nicht porös	10	k.A.	GA	CB	k.A.	Lys.	Tong, 2001 [6]
Agar	nicht porös	100	k.A.	Agar	CB	k.A.	BSA	Tong, 2001 [120]
P(GMA)	porös	2,2	k.A.	Epoxy	CB	k.A.	Lys.	Altintas, 2006 [106]
P(MMA-DVB)	nicht porös	0,1	4	PEG	CB	k.A	k.A	Liu, 2004 [122]
PVA	nicht porös	1 - 10	k.A	hydroxil	CB	23	BSA	Xue, 2001 [123]
P(HEMA-MMA)	nicht porös	1 - 10	nicht mag.	hydroxil/ Acrylat	CB	4,7	Lys.	Denizli, 1999 [124]
Polystyren	porös	75 - 145	nicht mag.	Styren	CB	10	Lys.	Saitoh, 2004 [125]
Polystyren	porös	76 - 145	nicht mag.	Styren	CB	11	Alb.	Saitoh, 2004 [125]
Polystyren	porös	77 - 145	nicht mag.	Styren	CB	12	ADH.	Saitoh, 2004 [125]
Glass/Agarose	nicht porös	200	nicht mag.	Agarose	CB	11	Lys.	Zhou, 2004 [125]

Polymer: P(HEMA) Poly- (2-hydroethyl methacrylat), PVA Polyvinylalkohol, P(GMA) Polyglycidyl-methacrylat, P(VB) Polyvinylbutiral, P(MMA-DVB) Polymethyl-methacrylat-Dininylbenzol.
Endgruppe: (GA) Glutaraldehyd (Aldehydgruppe)
Ligand: CB Cibacron Blue
Anwendung: Lys Lysozym, BSA Bovin Serum Albumin, Alb. Albumin, ADH Alkohol-Dehydrogenase

2.11.6 Ionenaustauscher

Die Bindung von Biomolekülen an Ionenaustauscher beruht auf elektrostatischen Interaktionen zwischen geladenen Gruppen der Biomoleküle und den funktionellen Gruppen des Liganden mit entgegengesetzter Ladung. Ionenaustauscher bestehen aus einer Matrix, an die geladene Gruppen kovalent gebunden sind. Im Falle positiv geladener Gruppen handelt es sich um Anionenaustauscher, im Falle von negativ geladenen Gruppen um Kationenaustauscher. Zu den für die Aufreinigung von Proteinen am meisten verwendeten Ionenaustauschern zählen Sephadex (Dextran Matrix), Sepharose (Agarose Matrix) und DEAE-Sephacel (Cellulose) [68]. Biomoleküle, insbesondere Proteine, besitzen in der Regel sowohl negativ als auch positiv geladene Gruppen. Die Nettoladung des Biomoleküls ist pH-Wert abhängig. Besitzt ein Biomolekül eine Nettoladung von null, befinden es sich am sogenannten isoelektrischen Punkt. Abbildung 2-10 zeigt schematisch den Einfluss des pH-Wertes auf die Nettoladung eines Proteins. Liegt ein Protein bei einem pH-Wert unterhalb seines isoelektrischen Punkts vor, ist eine Aufreinigung mittels Kationenaustauscher möglich. Befindet sich pH-Wert dagegen oberhalb des isoelektrischen Punkts, kann eine Aufreinigung über Anionenaustauscher erfolgen.

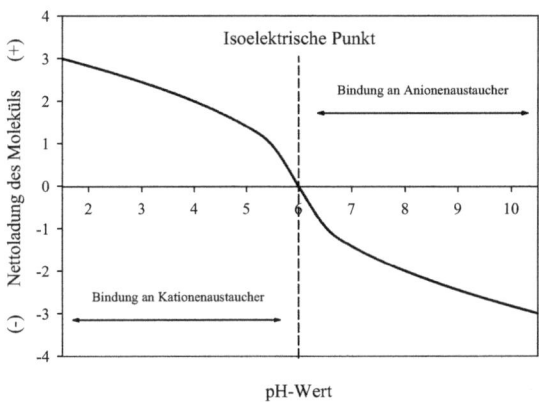

Abbildung 2-10: Einfluss des pH-Wertes auf die Nettoladung eines Proteins [76]

Die Art der funktionellen Gruppen legt die Sorte und Stärke eines Ionenaustausches fest. Quaternäre Amine ergeben starke Anionenaustauscher, tertiäre und sekundäre Aminogruppen resultieren in schwachen Anionenaustauschern. Bei den Kationenaustauschern ergeben Sulfonatreste starke und Carboxylgruppen schwache Kationenaustauscher.

In Tabelle 2-5 sind beispielhaft starke und schwache Anionenaustauscher- und Kationenaustauschergruppen dargestellt. Dabei bezeichnet stark und schwach nicht die Festigkeit der resultierenden Bindung von z.B. Proteinen, sondern den Ionisierungsgrad in Abhängigkeit des pH-Werts. Starke Ionaustauscher sind über einen breiten pH-Wert Bereich komplett ionisiert. Dagegen ist der Ionisierungsgrad bzw. die erreichbare Austauschkapazität von schwachen Ionenaustauschern stark vom pH-Wert abhängig.

Tabelle 2-5: Funktionelle Gruppen von Ionenaustauschern [68]

Anionaustauscher	Funktionelle Gruppe
Diethylaminoethyl (DEAE)	$-O-CH_2-CH_2-N+(CH_2CH_3)_2$
Quaternäre Aminoethyl (QAE)	$-O-CH_2-CH_2-N+(C_2H_5)_2-CH_2-CHOH-CH_3$
Quaternäre Ammoniumverb. (QAV)	$-O-CH_2-CHOH-CH_2-O-CH_2-CHOH-CH_2-N+-(CH_3)_3$
Kationenaustauscher	**Funktionelle Gruppe**
Carboxymethyl (CM)	$-O-CH_2-COO-$
Sulphopropyl (SP)	$-O-CH_2-CHOH-CH_2-O-CH_2-CH_2-CH_2-SO_3-$
Methyl Sulphonat	$-O-CH_2-CHOH-CH_2-O-CH_2-CHOH-CH_2-SO_3-$

2.12 Aufreinigung von Bioprodukten

Nach einer fermentativen Herstellung und einem optimalen Zellaufschluss, erfolgt die konventionelle Bioproduktaufreinigung im technischen Maßstab in der Regel nach das folgendem Ablauf [77]:

- Entfernung aller Feststoffe durch Sedimentation, Flotation, Zentrifugation oder Filtration.
- Anreicherung oder primäre Abtrennung des Zielprodukts durch Adsorption, Flüssigextraktion, Flockulation oder Fällung,
- Hochselektive Aufreinigung des löslichen Produkts durch fraktionierte Fällung, Chromatographie oder Ultrafiltration.
- Gewinnung des Produkts in der erforderlichen Reinheit („Polishing") durch Kristallisation mit anschließendem Zentrifugieren oder Filtration.

Eine detailliertere Darstellung des Ablaufes einer Bioproduktaufarbeitung zeigt Abbildung 2-12. Wie zu erkennen, erfordert die konventionelle Bioproduktaufarbeitung eine Vielzahl von Verfahrensschritten. Neben den höheren Betriebs- und Investitionskosten sowie den längeren Prozesszeiten führt dabei jeder zusätzliche Verfahrensschritt zu einem Produktverlust, was eine deutliche Senkung der Gesamtausbeute zur Folge hat. Einen Eindruck des Produktverlustes durch ein vierstufiges Aufreinigungsverfahren liefert Abbildung 2-11.

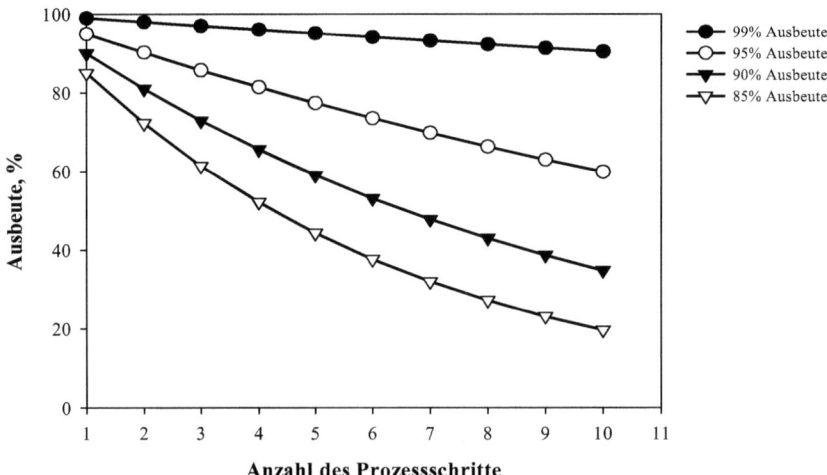

Abbildung 2-11: Auswirkung der Anzahl der Aufreinigungsschritte auf die Produktausbeute dargestellt für verschiedene Ausbeuten pro Aufreinigungsschritt [68]

Hier wird der Zusammenhang zwischen der Anzahl der Aufreinigungsschritte, der Effizienz pro Schritt und der resultierenden Produktausbeute gezeigt [68]. Beispielsweise sinkt selbst im Fall einer Einzel-Prozessschritt Effizienz von 95% die Ausbeute nach 10 Schritten auf 60%.

Eine mögliche Verbesserung bringen Verfahren, die mehrere Prozessstufen kombinieren und dadurch die Gesamtausbeute erhöhen und die Prozesszeiten verkürzen können. Diese Verfahren erlauben eine direkte Produktabtrennung aus der ungeklärten Biorohsuspension. Beispiele hierfür sind das Sorptionsverfahren „Expanded Bed Adsorption" (EBA) [78] sowie das Extraktionsverfahren mittels „Aqueous Two Phase Systems" (ATPS) [79].

Eine weitere Möglichkeit für eine direkte Bioproduktisolation aus ungeklärten Rohsuspensionen ergibt sich aus der Kombination einer Sorption an magnetische Mikrosorbentien und dem Verfahren der Magnetseparation. Diese Kombination wird durch die Abkürzung HGMF (High Gradient Magnetic Fishing) bezeichnet. Das HGMF-Verfahren ist aktueller Gegenstand intensiver Forschung und wurde unter anderen durch O'Brien [80], Hoffmann [81], Hubbuch [82], Heebøll-Nielsen[83], Meyer [84] und Ebner [85] untersucht. Eine neue Variante der HGMF setzt für die notwendige Abtrennung der magnetischen Mikrosorbentien anstelle der Hochgradienten Magnetseparation eine magnetfeldüberlagerte Kuchenbildungsfiltration ein. Dieses neue Hybrid-Separationsverfahren wurde an der Universität Karlsruhe im Rahmen eines vom BMWA (Bundes Ministerium für Wirtschaft und Arbeit) geförderten Projekts entwickelt [86].

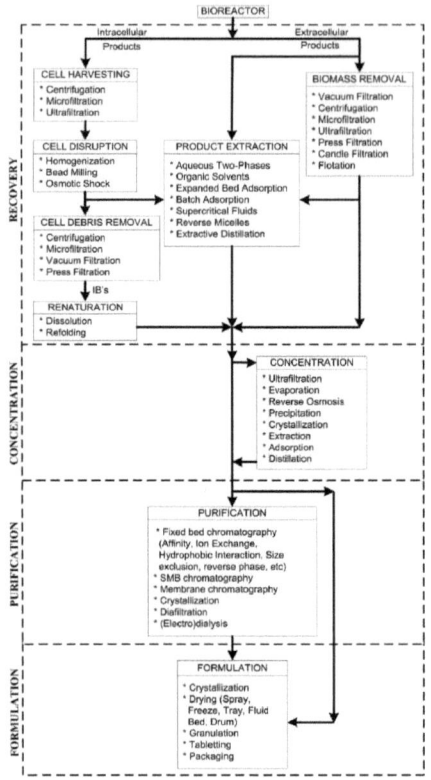

Abbildung 2-12: Schematische Darstellung des Abfolge der Stufen einer Bioproduktaufarbeitung [87]

2.12.1 Anwendung der Magnettechnologie in der Bioproduktaufbereitung

Die Anwendung magnetischer Mikro- und Nanosorbentien zur Separation von Biomolekülen ist in der Biomedizin und Bioanalytik seit Jahren bekannt und wird aufgrund ihrer hohen Effektivität vielfach eingesetzt. Im Verlauf des Verfahrens werden die magnetischen Partikel mit Hilfe von Handmagneten oder magnetischen Racks aus Suspensionen separiert. Eine ausführliche Zusammenstellung über die Nutzung von Magnetpartikeln zur Biomolekülseparation im Rahmen vor allem analytischer Fragestellungen findet sich in einem Übersichtsartikel von Safarik [4].

Mit der Einführung von neuen im technische Maßstab nutzbaren Magnetseparationsverfahren wie z.B. der HGMS (Hochgradienten Magnetseparation) und der magnetfeldüberlagerten Kuchenbildungsfiltration, ist die Anwendung der Magnettechnologie in der Bioproduktaufarbeitung im Prinzip auch in industriellen Anwendungen möglich. Das Verfahrensprinzip ist in Abbildung

2-13 dargestellt. Zu Beginn werden funktionalisierte magnetische Mikrosorbentien direkt zu einer Biorohsuspension hinzugegeben und es findet eine selektive Sorption des Zielmoleküls statt. Mit Hilfe eines Magnetseparators werden anschließend die magnetischen Mikrosorbentien mit den gebundenen Zielmolekülen separiert und von den Verunreinigungen (z.B. Zelldebris, Proteine, DNA, RNA) getrennt. Danach folgen in der Regel ein oder zwei Waschschritte sowie eine abschließende Elution des Zielmoleküls. Hierzu werden die magnetischen Mikrosorbentien zunächst in den entsprechenden Pufferlösungen resuspendiert und nach kurzer Verweilzeit wieder von der verbrauchten Waschlösung bzw. dem Eluat separiert. Anschließend können die magnetischen Partikel in einem neuen Bioseparationszyklus wiederverwendet werden. Eine ausführliche Zusammenfassung der Entwicklung der letzten Jahren im Bereich der Proteinaufreinigung mittels magnetischer Mikrosorbentien liefern Franzreb et al. [1].

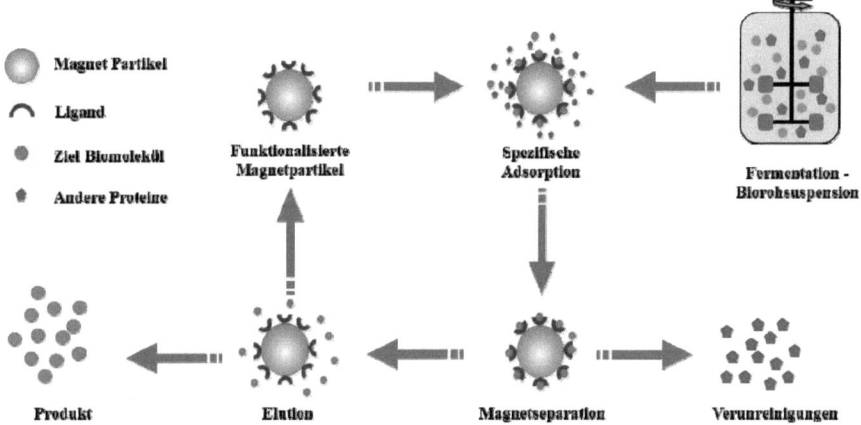

Abbildung 2-13: Prinzip der Bioproduktaufarbeitung mit Hilfe magnetischer Affinitätspartikel und dem Verfahren der Magnetseparation

2.13 Mathematische Beschreibung der Sorption von Proteinen

2.13.1 Einzelstoffadsorption

Wird eine Lösung eines Sortivs (z. B. Proteine, Aminosäuren) mit einer definierten Menge eines Sorbens (z. B. magnetische Mikrosorbentien) in Kontakt gebracht, stellt sich nach einiger Zeit ein stationärer Bindungszustand ein. Dieser stationäre Zustand wird allgemein als Sorptionsgleichgewicht bezeichnet. Im Verlauft der Gleichgewichtseinstellung wird ein Teil des Sortivs an das Sorbens gebunden, während der restliche Teil des Sorptives als Rest- oder Gleichgewichtskonzentration in der Lösung verbleibt. Der Zusammenhang zwischen der

Restkonzentration c* (in g/l) des Proteins in der Lösung und der Beladung q* (in g Protein/g Adsorbensmaterial) auf dem Adsorbens kann durch die sogenannte Adsorptionsisotherme beschrieben werden [88]. Zu jedem Zeitpunkt des Adsorptionsvorgangs gilt die Massenbilanz:

$$L \bullet (c_0 - c) = m \bullet (q - q_0) \qquad \text{Gl. 2-5}$$

Hierbei sind c_0 und q_0 die Anfangskonzentration bzw. -beladung, L das Flüssigkeitsvolumen (in L) und m die Masse (in g) des Sorbens (Partikel). In der Regel werden die Adsorptionsisothermen mit frischem (nicht beladen) Sorbens ermittelt und die entsprechende Anfangbeladung q_0 ist gleich null. Hierdurch lässt sich die Massebilanz wie folgt vereinfachen:

$$q = \frac{L}{m} \bullet (c_0 - c) \qquad \text{Gl. 2-6}$$

Gleichung Gl. 2-6 lässt sich als Arbeitsgerade dargestellt, wie in Abbildung 2-14 gezeigt wird. Diese führt von der Anfangskonzentration c_0 auf der Abszisse mit der Steigung (-L/m) bis zum Schnittpunkt mit der Isotherme $q = f(c)$. Während des Sorptionsvorgangs ändern sich die Konzentration in der Lösung und die Beladung des Sortivs ausgehend von der Anfangskonzentration c_0 entlang dieser Arbeitsgerade bis zum Sorptionsgleichgewicht mit einer Konzentration von c*. Zusammen mit dem Wert L/m kann aus der Differenz $c_0 - c^*$ die Beladung im Gleichgewicht q* berechnet und damit ein Punkt der Adsorptionsisotherme ermittelt werden.

Zur Darstellung eines Isothermenverlaufs werden mehrere Gleichgewichtpunkte benötigt. Diese können auf verschiedene Arten bestimmt werden. Zum einen wird die gleiche Sorbens- und Volumenmenge (d.h. L/m = konstant) benutzt und durch Verdünnung der ursprünglichen Lösung die Anfangskonzentration c_0 variiert, wodurch parallele Arbeitsgeraden resultieren (siehe Abbildung 2-14). Zum anderen wird die gleiche Lösung benutzt, d.h. die Anfangskonzentration ist gleich und es werden unterschiedliche Mengen an Sorbens eingesetzt, d.h. (L/m ≠ konstant, m wird variiert) [88]. Hierbei gehen die Arbeitsgeraden strahlenförmig von dem gleichen Punkt ($c = c_0$, $q_0 = 0$) aus (siehe

Abbildung 2-15). Die mathematische Beschreibung der Isothermen kann durch mehrere Ansätze erfolgen, die z.B. durch kinetische Betrachtungen hergeleitet oder empirisch aufgestellt worden sind. Für die Proteinsorption werden häufig die Modelle von Temkin, Freundlich, Langmuir-

Auftragung $\frac{1}{q^*}$ über $\frac{1}{c^*}$	$\frac{1}{q^*} = \frac{1}{q_{max}} + \frac{K_d}{q_{max}} \bullet \frac{1}{c^*}$	Gl. 2-8
Auftragung $\frac{c^*}{q^*}$ über c^*	$\frac{c^*}{q^*} = \frac{K_d}{q_{max}} + \frac{c^*}{q_{max}}$	Gl. 2-9
„Scatchard"	$\frac{q^*}{c^*} = \frac{q_{max}}{K_d} - \frac{q^*}{K_d}$	Gl. 2-10

Freundlich oder Langmuir verwendet [89].

Das Langmuir Modell (Gl. 2-7) geht von einer monomolekularen Sorptionsschicht mit fester Anzahl an verfügbaren Adsorptionsplätzen aus, wie dies normalerweise bei Farbstoff-Liganden und Ionenaustauschern der Fall ist [89].

$$q^* = \frac{q_{max} \cdot c^*}{K_d + c^*}$$
Gl. 2-7

In Gl. 2-7 stehen q_{max} für die maximale Beladung und K_d (in g/l) für die Gleichgewichtskonstante der Dissoziation bzw. die Konzentration im Sorptionsüberstand bei halbmaximaler Beladung. Eine Linearisierung des Modells kann durch eine Umformulierung von Gl. 2-7 erreicht werden wobei hierfür drei unterschiedliche Gleichungen bzw. Auftragungen in Gebrauch sind [89, 90]:

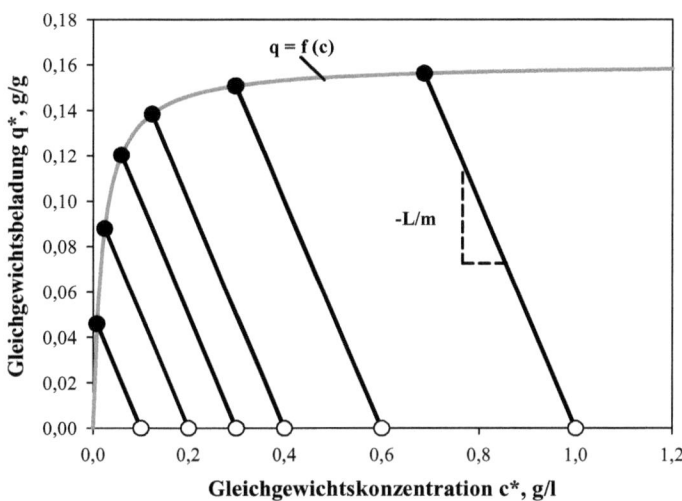

Abbildung 2-14: Resultierende Arbeitsgeraden bei einer Isothermen-Ermittlung mit gleichem L/m-Verhältnis und unterschiedlichen Anfangskonzentrationen

Durch die Auftragung der Gleichungen Gl. 2-8, Gl. 2-9 und Gl. 2-10 können die Konstanten q_{max} und K_d durch lineare Regression ermittelt werden. Im Falle eines Abweichens der Ausgangsdaten von einem „idealen" Langmuirverhalten führen die Gleichungen nicht immer auf gleiche Ergebnisse und die Werte der Konstanten variieren. Je nach Linearisierungsmethode werden unterschiedliche Bereiche der Isotherme bei der Regressionsrechnung verschieden stark gewichtet. Das gilt vor allem, wenn die Isotherme über einen breiten Konzentrationsbereich beschrieben werden soll. In diesen Fällen ist eine nichtlineare Regressionsrechnung zu bevorzugen [88], wie sie z.B. mit Hilfe der Softwareprogramme SigmaPlot® oder TableCurve® (beide SYSTAT Software Inc.) berechnet werden kann.

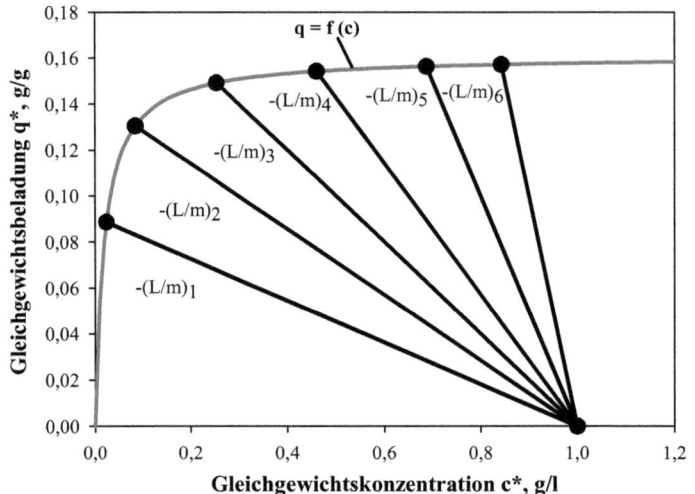

Abbildung 2-15: Resultierende Arbeitsgeraden bei einer Isothermen-Ermittlung durch unterschiedliche L/m Verhältnisse und gleichen Anfangskonzentrationen

Auftragung $\dfrac{1}{q^*}$ über $\dfrac{1}{c^*}$	$\dfrac{1}{q^*} = \dfrac{1}{q_{max}} + \dfrac{K_d}{q_{max}} \bullet \dfrac{1}{c^*}$	Gl. 2-8
Auftragung $\dfrac{c^*}{q^*}$ über c^*	$\dfrac{c^*}{q^*} = \dfrac{K_d}{q_{max}} + \dfrac{c^*}{q_{max}}$	Gl. 2-9
„Scatchard"	$\dfrac{q^*}{c^*} = \dfrac{q_{max}}{K_d} - \dfrac{q^*}{K_d}$	Gl. 2-10

2.13.2 Konkurrierende Adsorption / Mehrstoffadsorption

Wenn in einer Lösung mehr als eine adsorbierbare Substanz vorliegen, stellt sich eine Konkurrenz der gelösten Stoffe untereinander um die Belegung der freien Plätze auf der Oberfläche des Sorbens ein. Aus diesem Grund wird die Einzelstoffbeladung unter den Bedingungen einer Konkurrenz-Sorption im Vergleich zu dem Wert, der für die gleiche Substanz im Reinstoffsystem vorliegt, verringert. So ist z.B. in binären Systemen die Beladungsisotherme der Zielstoffkomponente (1) nicht nur eine Funktion der Gleichgewichtskonzentration c_1^* sondern auch der

Gleichgewichtskonzentration c_2* des konkurrierenden Sorptivs (2): q_1* = f{c_1*, c_2*}.

Die erste Modellvorstellung zur Beschreibung des Sorptionsverhaltens von Zweistoffsystemen wurde von Butler und Ockrent [91] im Jahr 1930 entwickelt. Die Autoren gehen von den Annahmen von Langmuir aus und verwenden die Isothermenparameter für die Einzelstoffadsorption zur Beschreibung der Sorption von Mehrstoffgemischen. Für ein Zweikomponentensystem ergibt sich für die Beladung der einzelnen Komponenten im Gemisch:

$$q_1^* = \frac{q_{max,1} \cdot (c_1^*/K_{d,1})}{1+(c_1^*/K_{d,1})+(c_2^*/K_{d,2})}$$ Gl. 2-11

$$q_2^* = \frac{q_{max,2} \cdot (c_2^*/K_{d,2})}{1+(c_1^*/K_{d,1})+(c_2^*/K_{d,2})}$$ Gl. 2-12

Eine Bedingung für die Gültigkeit dieses Modells ist, dass sich die Werte für $q_{max,1}$ und $q_{max,2}$ nur insoweit unterscheiden, wie es dem unterschiedlichen Flächenbedarf der Moleküle bei der Bedeckung der Oberfläche entspricht, bzw. dass alle Adsorptionsbereiche einer Konkurrenz unterliegen [88].

Zur Darstellung eines Isothermenverlaufs werden wiederum mehrere Gleichgewichtspunkte benötig. Diese können, wie bei Einzelstoffisothermen, auf verschiedene Arten bestimmt werden. Eine von drei Möglichkeiten ist das Verhältnis L/m konstant zu halten und $c_{1,0}$ sowie $c_{2,0}$ so zu variieren, dass das Verhältnis zwischen $c_{1,0}$ und $c_{2,0}$ ($c_{1,0}/c_{2,0}$) konstant gehalten wird. Bei der zweiten Variante wird ebenfalls L/m konstant gehalten, aber $c_{1,0}$ wird variiert und $c_{2,0}$ bleibt konstant. Bei der dritten und am häufigsten verwendeten Methode zur Erstellung von Isothermen in zwei Komponentensytemen wird die Anfangkonzentration von beiden Komponenten $c_{1,0}$ und $c_{2,0}$ konstant gehalten und das Verhältnis L/m variiert. Diese dritte Methode, bei der die Partikelmasse variiert werden kann, eignet sich insbesondere zur Untersuchung von Sorptionsvorgängen aus realen Biorohsuspensionen, die in ihrer Zusammensetzung fest vorgegeben sind. In Abbildung 2-16 sind exemplarisch die Isothermen von zwei Komponenten jeweils bei der Sorption des Einzelstoffes (durchgezogene Linie) sowie bei der Soption aus dem Gemisch (gestrichelte Linie) dargestellt. Außerdem sind drei Arbeitsgeraden und die jeweilige Gleichgewichtbeladung dargestellt.

Das Butler-Ockrent Modell versagt, wenn ein Teil der Adsorptionsplätze nur für eine Komponente zur Verfügung steht und es somit dort zu keiner konkurrierenden Adsorption kommt. Für derartige binäre Gemische wurde deshalb von Jain und Snoeyink im Jahr 1973 [92] eine Modellvorstellung entwickelt, die die teilweise ohne Konkurrenz verlaufende Adsorption berücksichtigt. Ein Maß für ihre Größe ist die Differenz der Maximalbeladungen, was zu folgenden Gleichungen der Gleichgewichtsbeladungen führt:

$$q_1^* = \frac{(q_{max,1} - q_{max,2}) \cdot (c_1^*/K_{D,1})}{1 + (c_1^*/K_{D,1})} + \frac{q_{max,2} \cdot (c_1^*/K_{D,1})}{1 + (c_1^*/K_{D,1}) + (c_2^*/K_{D,2})} \quad \text{Gl. 2-13}$$

$$q_2^* = \frac{q_{max,2} \cdot (c_2^*/K_{D,2})}{1 + (c_1^*/K_{D,1}) + (c_2^*/K_{D,2})} \quad \text{Gl. 2-14}$$

Hierbei gilt $q_{max,1} > q_{max,2}$. Die Konstanten $q_{max,1}$, $K_{d,1}$, $q_{max,2}$ und $K_{d,2}$ sind aus den Isothermen der Einzelsubstanzen zu ermitteln. Der erste Term in Gl. 2-13 entspricht der Sorptivmenge an Komponente 1, die ohne Konkurrenzvorgänge adsorbiert werden kann. Wenn $q_{max,1} = q_{max,2}$ wird dieser Term null und die Gleichung geht in die Gleichung von Butler-Ockrent über, bei der die konkurrierende Adsorption unbeschränkt wirksam ist [88].

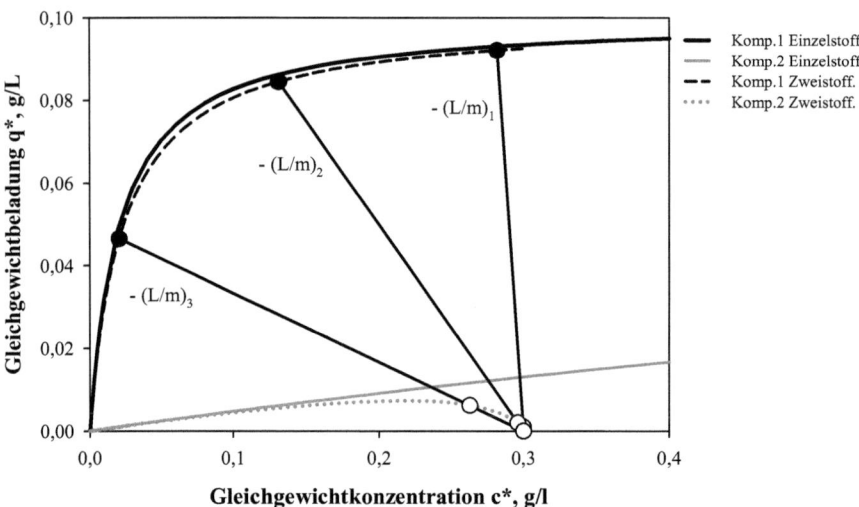

Abbildung 2-16: Arbeitsgeraden und Isotherme bei einer Ermittlung unterschiedlicher L/m Verhältnis und gleich Anfangskonzentration mit zwei Stoffkomponenten

2.13.3 Kenngrößen zur Proteinaufreinigung

Reinheit

Die Reinheit R einer Proteinlösung ist definiert als der Massenanteil des Zielproteins an der Gesamtmasse aller enthaltenen Proteine:

$$R = \frac{m_{Zielprotein}}{m_{Gesamtprotein}} \quad \text{Gl. 2-15}$$

Für das Eluat einer Proteinaufreinigung aus einem Zweikomponentengemisch ergibt sich unter

Annahme einer vollständigen Elution eine theoretische Reinheit der Zielkomponente 1 von:

$$R = \frac{q_1^*}{q_1^* + q_2^*} = \frac{(c_{1,0} - c_1^*)}{(c_{1,0} - c_1^*) + (c_{2,0} - c_2^*)} \qquad \text{Gl. 2-16}$$

Mit $c_{i,0}$ gleich der Anfangskonzentration der Komponente (i) vor der Partikelzugabe und c_i^* gleich der Gleichgewichtskonzentration der Komponente (i) am Ende des Sorptionsschritts.

Aufreinigungsfaktor

Der Aufreinigungsfaktor RF beschreibt das Verhältnis der Reinheit des erhaltenen Eluats zu der Reinheit der Biosuspension vor der Aufreinigung in Bezug auf das Zielprotein:

$$RF = \frac{R_{Eluat}}{R_{Biorohsuspension}} \qquad \text{Gl. 2-17}$$

Ausbeute

Die Ausbeute Y ist das Verhältnis der Masse des gewonnenen Zielproteins im Eluat zur Masse des Zielproteins in der Ausgangslösung vor der Proteinaufreinigung:

$$Y = \frac{m_{Zielprotein, Eluat}}{m_{Zielprotein, Biorohsuspension}} \qquad \text{Gl. 2-18}$$

Für die Ausbeute einer Proteinaufreinigung ergibt sich bei vollständiger Elution somit die Ausbeute für die Zielkomponente 1 nach:

$$Y = \frac{(c_{1,0} - c_1^*)}{c_{1,0}} \qquad \text{Gl. 2-19}$$

Aufkonzentrierungsfaktor

Der Aufkonzentrierungsfaktor AF beschreibt das Verhältnis der Konzentration des Zielproteins im Eluat bezogen auf die Konzentration des Zielproteins in der Ausgangslösung vor der Proteinaufreinigung.

$$AF = \frac{c_{Zielprotein, Eluat}}{c_{Zielprotein, Biorohsuspension}} \qquad \text{Gl. 2-20}$$

Kapazitätsverhältnis

Das dimensionslose Kapazitätsverhältnis wird definiert als Quotient aus der Anzahl der angebotenen Adsorptionsplätze zu der Anzahl der in der Rohlösung vorhandenen Sorptivmoleküle der Zielkomponente i. Das Kapazitätsverhältnis der verschiedenen Komponenten in einem Gemisch unterscheidet sich, sofern deren Maximalbeladungen und Startkonzentrationen vor der Adsorption nicht identisch sind (vgl. Gl. 2-21).

$$QV_i = \frac{m \cdot q_{max}}{L \cdot c_{i,0}}$$

Gl. 2-21

Produktivitätsfaktor

Als Produktivitätsfaktor ist das Produkt aus Ausbeute und Reinheit in Bezug auf die Zielkomponente definiert:

$$PF = Y \cdot R$$

Gl. 2-22

3 Experimenteller Teil

3.1 Verwendete Chemikalien

Folgende Chemikalien stammten von der Firma Sigma-Aldrich: Methylenblau (0.05% w/v), Ammoniumcernitrat (IV), Kaliumthiocyanat (KSCN), Natriumthiocyanat (NaSCN), 2, 4, 6 Trinitrobenzolsulfonsäure (TNBS), Cibacron Blue und Divinylbenzol (DVB). Von der Firma Merck stammten: Ammoniaklösung (25%, reinst), Benzoylperoxid (BPO) (zur Synthese), Eisen(II)-chlorid Tetrahydrat (reinst), Eisen(III)-chlorid wasserfrei (zur Synthese), Natriumchlorid NaCl (reinst), Tetraethoxysilan (TEOS), 3-Aminopropyl-Triethoxysilan (APTES) (98% zur Synthese), Natronlauge (NaOH), Schwefelsäure (95-97%), Essigsäure (zur Analyse), Ethanol (absolut, zur Analyse), n-Hexan (reinst), Aceton (reinst), Ölsäure (extra rein), Stickstoff (5.0), Vinylacetat, Kaliumdihydrogenphosphat (zur Analyse), di-Natriumhydrogenphosphat (wasserfrei zur Analyse), Kaliumbromid (KBr) (99,5% zur Analyse), Isopropanol (zur Analyse), Glutardialdehyd (50%ige Lösung in Wasser, zur Synthese), 2-Chlorethylammoniumchlorid (99% zur Synthese), 2-Chlorethansulfonsäure Natriumsalz (zur Synthese), 2-Hydroxymethansulfonsäure Natriumsalz ($\geq$ 98 % zur Synthese), Ethanolamin (zur Synthese), 2-Chlorethylammoniumchloridlösung (zur Synthese), 3-Amino-Propan-1-ol (zur Synthese), 3-Amino-1,2 –Propandiol (zur Synthese), 2-Aminoethansulfonsäure (Taurin, $\geq$ 98% zur Synthese), 2-Bromethansulfonsäure Natriumsalz (zur Synthese), Natriumsulfitlösung (zur Synthese). Von Acros Organics wurden Poly(vinylalkohol) (MW 22000 g/mol, Hydrolysegrad der Acetatgruppen: 88) verwendet und von der Firma Fluka: 2–Chlorethansulfonsäure (Reinheitsgrad, $\geq$ 97%) und Acrylsäure (Reinheitsgrad, $\geq$ 99,0%).

Die verwendeten Proteine bzw. Enzyme waren Ovalbumin (aus Hühnereiweiß, Grade V) von Sigma-Aldrich und Lysozym (aus Hühnereiweiß) von Fluka. Zur Proteinanalyse wurde BCA Protein Assay Reagent A der Firma Pierce und Kupfer(II)-Sulfat Lösung von Sigma-Aldrich angewendet. Hühnereier kamen aus dem Fachhandel.

3.2 Versuchsaufbauten zur Partikelsynthese

Der verwendete Reaktor aus Glas mit eingebauten Strömungsbrechern ist 300 mm lang mit einem Durchmesser von 110 mm und besitzt ein Volumen von 2000ml. Als Abdeckung wurde ein Vierhals-Planflanschdeckel aus Glas verwendet. Abgedichtet wurde mit einer in die Nut des Reaktors passenden O-Ring-Dichtung aus Silikon. Um die Planflansche aneinander zu drücken wurde ein passender Schnellverschluss aus Edelstahl verwendet (siehe Abbildung 3-2).

Als Rührapparat wurde der Eurostar digital (IKA-Werk, Staufen) verwendet. Die Drehzahlregelung erfolgt über einen Knebelknopf, wobei eine maximale Drehzahl von 2000 U/min möglich ist. Der verwendete Rührer ist ein 4-Blatt-Rührer aus Edelstahl (Rührerblatt 45 x 18 mm) mit einer Länge von 550 mm und einem Wellendurchmesser von 7,5 mm.

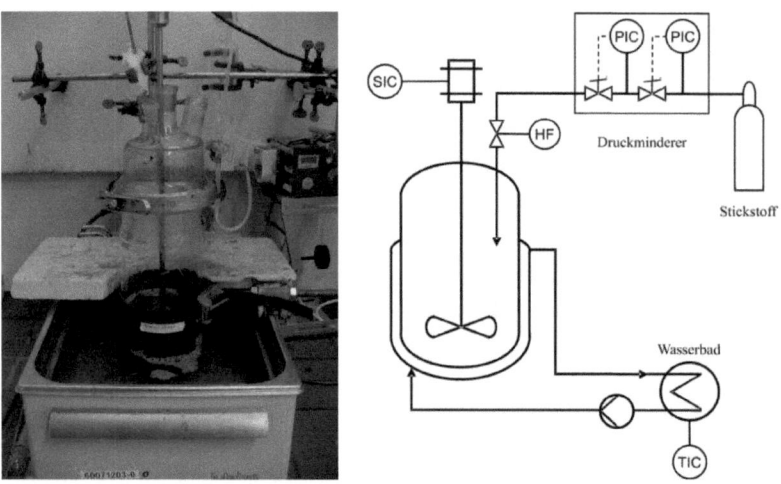

Abbildung 3-1: Versuchsanlage zur Synthese magnetischer Mikrosorbentien

Zum Beheizen wurde ein 6,5 L Wasserbad mit einem Badthermostat „Julabo 20B" (Julabo, Seelbach) zusammen mit einem extern angeschlossen Badthermostat Ecoline RE104 (Lauda, Lauda-Königshofen) eingesetzt. Als Heizmedium wurde vollentsalztes Wasser eingesetzt. Zur Dosierung der Ölsaure diente eine Schlauchpumpe PLP 33 (0,2 -2 L/h) (Behr Labor-Technik, Düsseldorf). Die Versuchanlage wurde vollständig in einem Laborabzug installiert.

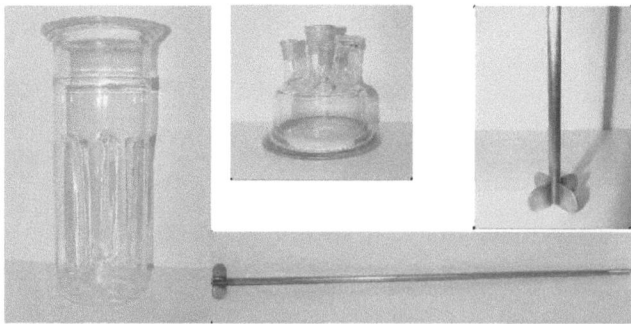

Abbildung 3-2: Detailsansicht des Versuchsreaktors und des 4-Blatt-Rührers

3.3 Synthese magnetischer Grundpartikel

Bei den im Rahmen dieser Arbeit hergestellten magnetischen Partikeln handelt es sich einerseits um Mikrokomposite aus Polyvinylacetat (PVAc) mit eingebetteten superparamagnetischen Nanopartikeln und andererseits um silanisierte bzw. aminosilanisierte Ferrite. Die Polyvinylacetat-Partikel wurden durch zwei unterschiedliche Verfahren hergestellt. Zum einen durch Suspensionspolymerisation und zum anderen durch Miniemulsionspolymerisation. Für die Herstellung der silanisierten Ferrite wurde ein Coating-Verfahren verwendet.

3.3.1 Synthese magnetischer Polyvinylacetat-Partikeln

Die Herstellung der magnetischen PVAc–Partikeln findet in zwei Teilschritten statt. Der erste Schritt ist die Herstellung eines Ferrofluids, dem Magnetitgel. Hierzu werden magnetische Ferritkristalle mit einem Tensid beschichten. In einem zweiten Schritt werden dann die Polymerpartikel durch eine radikalische Polymerisation in einer Öl-in-Wasser-Emulsion synthetisiert. Hierbei wurden die beschichteten Magnetitkerne in die Polymerpartikeln eingelagert. Im Folgenden sind die Details dieser Teilschritte beschrieben.

3.3.1.1 Herstellung von Magnetit-Nanopartikeln sowie einem Magnetitgel

Magnetit-Nanopartikel

Die Synthese von superparamagnetischem Magnetit (Fe_3O_4) findet über eine alkalische Fällungsreaktion aus Eisenchloriden statt.

Abbildung 3-3: Eisensalzlösung vor (links) und nach (rechts) der Fällungsreaktion

Für die Synthese wurden die Reaktionsbedingungen aus den Arbeiten von Bozhinova und Kranz übernommen [18, 93]. Pro 20 g Ausbeute an Magnetit werden für die Synthese 17,2 g $FeCl_2 \cdot 4H_2O$ und 28 g $FeCl_3$ in 400 ml demineralisiertem Wasser gelöst. Dann wird die Lösung in einem 2,5 Liter Rührreaktor unter starkem Rühren (ca. 800 Upm) und Stickstoffatmosphäre auf 85°C im Wasserbad erhitzt und anschließend 54 ml 25%ige (w/w) Ammoniaklösung (in Wasser) hinzugegeben. Nach der Ammoniakzugabe läuft die Fällungsreaktion praktisch spontan ab und es findet ein Farbumschlag von orange nach schwarz statt (siehe Abbildung 3-3). Unter den

Synthesebedingungen, 85°C und NH₃ im Überschuss, wird die Fällung von Fe₃O₄ favorisiert. Die Kristalle des Magnetits sind kleiner als 20 nm, besitzen nur eine magnetische Domäne und sind superparamagnetisch [43]. Magnetit entsteht hierbei entsprechend folgender Bruttoreaktion:

$$FeCl_2(aq) + 2 \cdot FeCl_3(aq) + 8 \cdot NH_3(aq) \rightarrow Fe_3O_4 \downarrow + 8 \cdot NH_4Cl(aq) \qquad \text{Gl. 3-1}$$

Magnetitgel

Im Anschluss an die Fällungsreaktion wird zu der Suspension superparamagnetischer Eisenoxid-Nanopartikel 20 ml Ölsäure mittels einer Membranpumpe zudosiert (ca. 2 ml/min), wodurch die suspendierten Magnetitkristalle in Form von Flocken agglomerieren. Die Reaktortemperatur wird auf ca. 50°C abgesenkt und mit Hilfe eines Permanentmagneten werden die Magnetitgel-Flocken von der wässrigen Phase getrennt. Danach wird das Magnetitgel aus dem Reaktor in ein Becherglas überführt und mit warmem und kaltem Wasser jeweils zwei Mal gewaschen. Nach der Waschung werden die abgetrennten Gelagglomerate (siehe Abbildung 3-4) bei 7°C gelagert.

Abbildung 3-4: Aufnahme eines Magnetitgels

Im Rahmen der Versuche zur Optimierung der Herstellung magnetischer PVAc-Mikrosorbentien wurde auch das Magnetitgel durch Variation der verwendeten Mengen an Ammoniak und Ölsäure verändert. Hierbei wurde unter Einsatz der Methode des experimentellen Designs folgende Versuchsmatrix durchmustert:

Tabelle 3-1: Versuchsmatrix der Variation der Herstellungsbedingungen des Magnetitgels

		Syntheseparameter	
	Experiment	Ölsäure, ml	Ammoniak, ml
Standardversuch	SP-53	30	56
	SP-54	30	56
	SP-55	25	54
	SP-56	25	58
	SP-57	35	54
	SP-58	35	58

Um die Einflüsse der Ammoniakmenge und der Ölsäuremenge analysieren zu können, wurden alle Magnetitgele durch Suspensionspolymerisation in PVAc-Partikel eingebettet und diese anschließend mittels der in Abschnitt 3.4 beschriebenen Methode eingehend charakterisiert.

3.3.1.2 Suspensionspolymerisation von PVAc-Partikeln

Zur Vorbereitung der Herstellung von PVAc-Partikeln durch Suspensionspolymerisation wird zunächst eine wässrige Lösung aus 30 g Polyvinylalkohol (PVA) in 700 ml demineralisiertem Wasser, 25 g NaCl in 300 ml demineralisiertem Wasser und 1 ml Methylenblau angesetzt. Diese Wasserphase wird in einen Rührreaktor mit Stickstoffatmosphäre überführt und auf 55°C erhitzt (siehe Abbildung 3-1). Polyvinylalkohol dient hierbei als Schutzkolloid, Natriumchlorid zur Stabilisierung der Phasentrennung und Methylenblau zur Inhibierung der Polymerisation in der Wasserphase. Gleichzeitig wird eine organische Phase aus 25 g Magnetitgel (siehe Absatz 3.3) in 70 ml Hexan vorbereitet. Zu der Suspension werden 95 ml Vinylacetat (Monomer) und 10 ml Divinylbenzol (Vernetzer) gegeben. In Tabelle 3-2 sind die Mengen der verwendeten Chemikalien nochmals zusammengefasst.

Tabelle 3-2: Zusammensetzung der Ausgangsphasen für die Herstellung magnetischer PVAc-Partikel durch Suspensionspolymerisation

Komponente	Menge	Konzentration	
Wasserphase			
NaCl, g	25	2,0	Gew. % (a)
PVA, g	30	2,4	Gew. % (a)
Methylenblau, ml	1	0,1	Gew. % (a)
VE-Wasser, ml	1000	81,5	Gew. % (a)
Organische Phase			
Magnetitgel, g	25	2,0	Gew. % (a)
Hexan, ml	70	0,530	mM (b)
Vinylacetat, ml	95	0,992	mM (b)
Divinylbenzol, ml	10	0,70	mM (b)
Dichlormethan, ml	5	0,70	mM (b)
BPO, g	2	0,011	Gew. % (a

(a) Bezogen auf die Gesamtmasse
(b) Bezogen auf die Wasserphase

Die organische Phase wird zu der wässrigen Phase gegeben. Die radikalische Polymerisation wird mit der Zugabe von 2 g in 5 ml Dichlormethan vorgelöste Benzoylperoxid (Initiator) bei 75°C gestartet. Beide Phasen werden 2 Stunden bei 900 U/min und 75°C unter Stickstoffatmosphäre gerührt. Während dieser Reaktionszeit polymerisiert das Vinylacetat und wird durch Divinylbenzol quervernetzt. Die Polymerisation findet in der Ölphase während dieser 2 Stunden nach der in Abbildung 3-5 gezeigten Reaktion statt.

Anschließen erfolgt eine Klassierung der entstandenen magnetischen Partikeln durch Sedimentation im Erdschwerefeld. Hierzu wird die Suspension im Reaktor zwei Minuten ruhig stehen gelassen. Anschließend wird ein Teil der Suspension langsam in ein Becherglas abgeschüttet und die so erhaltenen Partikeln mit einem Magneten abgetrennt. Der Reaktor wird erneut mit entionisiertem Wasser aufgefüllt. Dieser Vorgang wird so oft wiederholt, bis kaum noch kleine Partikeln aus dem Reaktor zu gewinnen sind. Große Partikel und Agglomerate bleiben am Reaktorboden zurück und werden verworfen. Nach Abschluss der Klassierung werden die magnetischen Partikel mit Hilfe eines Permanentmagnetens abgetrennt und mehrmals mit entionisiertem Wasser gewaschen. Nach der Waschung werden die magnetischen Polymerpartikel in Wasser suspendiert und bei 7°C gelagert.

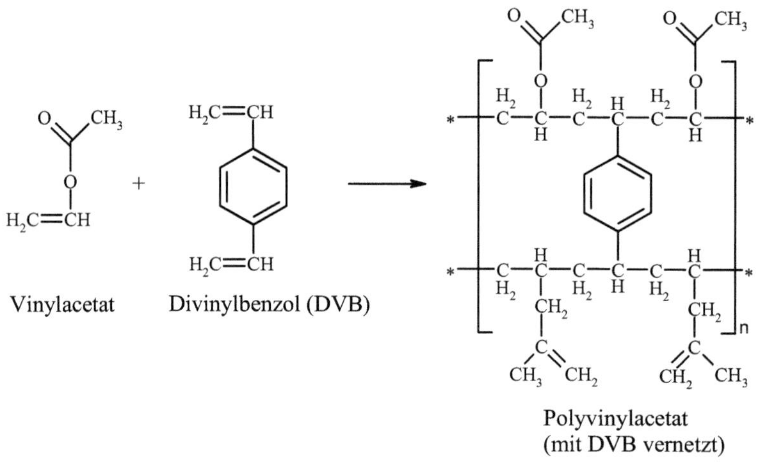

Abbildung 3-5: Reaktionsgleichung der Polymerisation Vinylacetat und Quervernetzung mit Divinylbenzol

3.3.1.3 Miniemulsionspolymerisation von PVAc-Partikeln

Im Unterschied zur Suspensionspolymerisation wird bei der Miniemulsionspolymerisation in der wässrigen Phase nur 30 g Polyvinylalkohol (als Schutzkolloid) in 700 ml VE-Wasser gelöst. Für die organische Phase wird zuerst 20 g Magnetitgel in 70 ml Hexan gelöst. Dazu werden 150 ml Vinylacetat (Monomer), 15 ml Divinylbenzol (Vernetzer) und 3 ml Hexadecan (Cotensid) hinzugegeben. Danach werden beide Phasen gemischt und für 5 Min mit Ultraschall (Sonifier 250, Firma Branson) bei 200 Watt behandelt. Um eine bessere Wirkung des Ultraschalls zu erreichen, wird die Mischung in drei Teile jeweils von ca. 300 ml unterteilt und einzeln in einer 500 ml

Becherglas homogenisiert. Die erzeugte Emulsion wird in einen Rührkesselreaktor mit Stickstoffatmosphäre überführt, auf 55°C erhitzt und bei 900 Upm gerührt. Anschließen werden 2 g Kaliumpersulfat (Initiator) in 10 ml Wasser gelöst und in den auf 75°C temperierten Reaktor gegeben. Die radikalische Polymerisation startet nach der Zugabe des Initiators und die Reaktion verläuft für 2 Stunden bei 75°C unter Stickstoffatmosphäre. Während dieser Reaktionszeit wird das Vinylacetat polymerisiert und mit Divinylbenzol quervernetzt. In Tabelle 3-3 sind die Mengen der verwendeten Chemikalien zusammengefasst. Die Separations- und Waschprozeduren entsprechen denen der Suspensionspolymerisation. Nach der Waschung werden die magnetischen Polymerpartikel in Wasser suspendiert und bei 7°C gelagert.

Tabelle 3-3: Zusammensetzung der Ausgangsphasen für die Herstellung magnetische PVAc-Partikel durch die Miniemulsionspolymerisation

Komponente	Menge	Konzentration	
Wasserphase			
PVA, g	30	3,2	Gew. % (a)
Kaliumpersulfat,	2	0,2	Gew. % (a)
VE-Wasser, ml	700	73,6	Gew. % (a)
Organische			
Magnetitgel, g	20	2,1	Gew. % (a)
Hexan, ml	70	0,757	mM (b)
Vinylacetat, ml	150	2,238	mM (b)
Divinylbenzen,	15	0,150	mM (b)
Hexadecan, ml	3	0,001	mM (b)

(a) Bezogen auf Gesamt
(b) Bezogen auf Wasserphase

3.3.2 Synthese von silangecoateten Ferritpartikeln

Die Herstellung von silanisierten Magnetitkristallen findet in zwei Schritten statt. Zuerst wird Magnetit über eine Fällungsreaktion, wie in Absatz 3.3.1.1 beschrieben, hergestellt. Anschließend werden die magnetischen Nanopartikel mittels der Stöber-Methode mit einer Silanbeschichtung über Hydrolyse von Tetraethoxysilan (TEOS) (siehe Abbildung 3-6) oder Aminopropyltriethoxysilan (APTES) (siehe Abbildung 3-7) versehen [24].

Um die Beschichtung durchzuführen, werden 10 g Eisenoxid-Nanopartikel in 200 ml 50% (v/v) Ethanol in Wasser Lösung suspendiert und drei Minuten mittels Ultraschall (Sonifier 250, Firma Branson) bei 200 W dispergiert, um die agglomerierten Partikel zu separieren. Zu dieser Dispersion werden 5 ml 25%ige Ammoniaklösung und 40 ml TEOS hinzugegeben. Die Mischung wird vier

Stunden bei Raumtemperatur und 500 U/min reagieren gelassen. Dabei werden Teile der TEOS-Lösung (5 ml) in regelmäßigen Abständen von einer halben Stunde zugegeben, um eine gleichmäßige Schichtdicke der gebildeten Silanolverbindung um das Magnetit zu erhalten. Das Tetraethoxysilan wird im basischen pH-Bereich schnell hydrolisiert und polymerisiert als Silanol, welches mit den OH-Gruppen an der Magnetit-Oberfläche durch eine Kondesationsreaktion reagiert. In Abbildung 3-6 ist die Silanisierungsreaktion sowie eine Modellstruktur von einem silanisierten Eisenoxid-Nanopartikel dargestellt. Durch Variation der Zugabemenge an Silan lassen sich die Dicke des Coatings und damit letztendlich auch die Partikelgröße beeinflussen. Zur Untersuchung dieses Effekts wurde die TEOS-Gesamtmenge (10 ml, 20 ml und 40 ml) variiert.

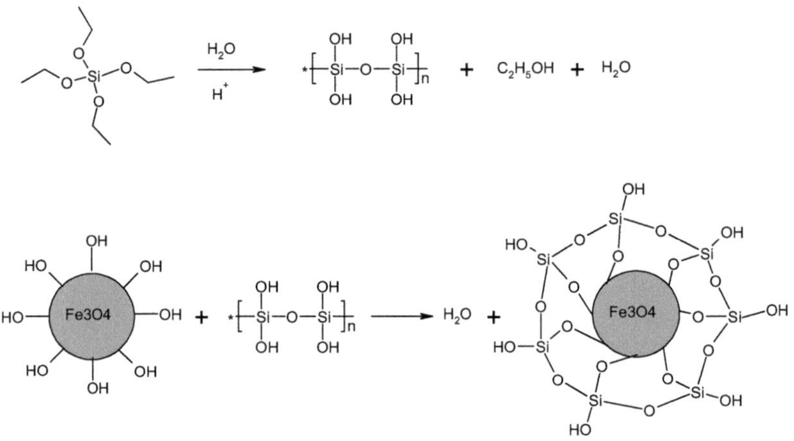

Abbildung 3-6: Polymerisationsreaktion von Tetraethoxysilan und Kondensationreaktion mit Magnetitpartikel

Um eine spätere Funktionalisierung zu ermöglichen, werden die Silan gecoateten Magnetitkristalle mit einem weiteren Coating aktiviert. Bei der zweiten Beschichtung handelt es sich um eine aminierte Silanolschicht, die durch die Polymerisation/Kondensation von Aminopropyltriethoxysilan (APTES) entsteht (siehe Absatz 3.7). Für die APTES-Beschichtung werden 2 g der Silan beschichteten Eisenoxid Nanopartikel in einer Mischung aus 50 ml Ethanol, 50 ml VE-Wasser und 3 ml 25%iger Ammoniaklösung suspendiert. Dann wird alle 20 Minuten 2 ml APTES hinzugegeben – insgesamt 8 ml. Die Reaktion wurde bei 500 Upm, Raumtemperatur und über eine Stunde durchgeführt.

Zusätzlich wurden andere Coating-Möglichkeiten getestet. Zum einen wurden Eisenoxid-Nanopartikel direkt mit APTES beschichtet, um die Aminogruppenkonzentration auf der Partikeloberfläche zu erhöhen. Hierbei werden 1 g Eisenoxid-Nanopartikel (siehe

Herstellungsmethode in Abschnitt 3.3.1.1) mit 20 ml APTES, 75 ml Ethanol, 25 ml VE-Wasser (Verhältnis Ethanol:Wasser = 1:4) sowie 60 ml 25%iger Ammoniaklösung vermischt und 48 Stunden bei 50°C und 500 Upm gerührt. Zum anderen wurde direkt eine Mischung von beiden Silanen (TEOS-APTES) zugegeben.

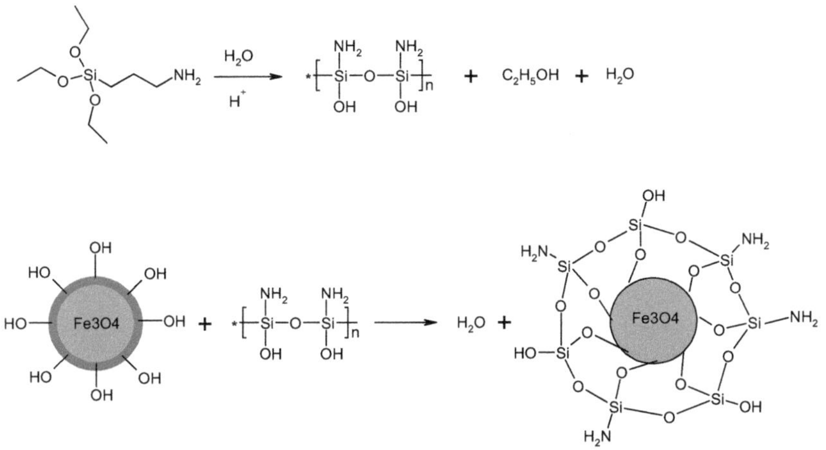

Abbildung 3-7: Polymerisationreaktion von Aminopropyltriethoxysilan und Kondensationreaktion mit einem Magnetitpartikel

Dabei wurde 1 g Magnetit mit 20 ml APTES, 20ml TEOS, 150 ml Ethanol, 50 ml VE-Wasser (Verhältnis Ethanol: Wasser = 1:4), 60 ml 25%ige AmmoniakLösung bei 500 Upm gemischt und für 4 Stunden bei 50°C gerührt. In der Tabelle 4-3 sind die Versuchsbedingungen der Versuche zur Silanbeschichtung magnetischer Eisenoxid-Partikel zusammengefasst.

Tabelle 3-4 Versuchsbedingungen für die erste Silan-Beschichtung

	MS1	MS2	MS3	MS4	MS5
Partikelmasse, g	10	10	10	1	1
Ethanol, ml	100	100	100	150	75
VE-Wasser, ml	100	100	100	50	25
TEOS, ml	40	20	10	20	—
APTES, ml	—	—	—	20	20
NH$_3$ 25%, ml	5	5	5	60	60
Temperatur, °C	20	20	20	50	50
Zeit, h	4	4	4	4	48

3.4 Physikalische Charakterisierung magnetischer Mikropartikel und Analytik

Für die Verwendung der magnetischen Partikel als Mikrosorbentien sind mehrere physikalische Eigenschaften von entscheidender Bedeutung. Hierzu zählen die Magnetische Sättigung, die Partikelgrößenverteilung, die Morphologie, das Zetapotential und die spezifische Partikeloberfläche.

3.4.1 Magnetisierung

Die Magnetisierung der Partikeln als Funktion der angelegten Feldstärke wurde mit einem Alternating-Gradient Magnetometer (AGM) gemessen (Micromag 2900, Princeton Measurements, Princeton, USA). Bei diesem Messverfahren wird eine definierte Probenmenge in einem statischen Magnetfeld magnetisiert und gleichzeitig von einem alternierenden Magnetfeld überlagert. Der dadurch entstehende Feldgradient erzeugt eine wechselnde Kraft auf die Probe, wobei die Größe der Kraft proportional zum magnetischen Moment der Probe ist. Die dadurch entstehende Auslenkung der Probe wird über den Probenhalter auf ein piezoelektrisches Element übertragen, welches eine Spannung erzeugt, die proportional zu der auf die Probe wirkenden Kraft und somit zum magnetischen Moment der Probe ist. Über einen Wandler wird diese Spannung in Form einer Magnetisierungskurve (Hystereseschleife) dargestellt, indem das überlagerte Magnetfeld in seiner Stärke variiert wird. Zur Vorbereitung werden Proben zunächst über Nacht bei 40°C getrocknet, dann das feine Pulver in einer ca. 2,5 mm langen Glaskapillare gepresst, gewogen und mit Kleber verschlossen. Für die Bestimmung der Masse werden die leere Glaskapillare, sowie die mit Partikeln befüllte gewogen und durch den Unterschied zwischen beiden die Masse an Partikeln berechnet. Bei dieser Messung wurde einer Labormikrowaage MC5, (Sartorius, Göttingen) verwendet.

3.4.2 Partikelgrößenverteilung

Zur Bestimmung der Größenverteilung der magnetischen Partikeln wurden zwei unterschiedliche Geräte verwendet. Für Partikel größer als 1 µm wurde ein Partikelgrößenmessgerät EyeTech (Ankersmid Ltd.) angewendet. Das Messprinzip beruht auf der korngrößenabhängigen Wechselwirkungszeit eines rotierenden Laserstrahls mit Feststoffpartikeln unterschiedlicher Größe (Prinzip der Laserabschattung). Zur Messung wird der Feststoff in einer Küvette bei einer niedrigen Konzentration mit einem Magnetrührfisch oder einer mechanischen Rührvorrichtung suspendiert. Nach Erreichen einer homogenen Verteilung wird die Messung gestartet, die nach einer internen Überprüfung des Steuerprogramms auf Reproduzierbarkeit der Einzelscans beendet wird.

Zur Bestimmung der Größenverteilung der magnetischen Partikeln bei Durchmessern kleiner als 1 µm wurde das Partikelgrößenmessgerät, Laser Scattering Particle Size Distribution Analyzer LA-920 (Horiba, Oberursel) verwendet. Die Funktionsweise des Geräts beruht auf dem Prinzip der Laserbeugung, um die Partikelgröße in einem Bereich von 0,03-2000 µm zu bestimmen. Das optische System ist auf die Messung mittels Lichtstreuung optimiert. Zur Bestimmung der Partikelgröße wurde zuerst die Probevorbereitungskammer mit einer geeigneten Dispergierflüssigkeit (hier Wasser) gefüllt und anschließend die Zirkulation der Flüssigkeit gestartet. Dann wurde die Flüssigkeit entgast, um Luftbläschen aus dem Durchflusssystem zu entfernen. Danach wurde eine Nullmessung (Blank) gestartet mit anschließender Zugabe der in Flüssigkeit suspendierten Partikel. Dabei wurde das integrierte Ultraschallgerät erst eingesetzt und schließlich eine Messung gestartet.

3.4.3 Weitergehende Charakterisierung der Partikel

Environmental Scanning Electron Microscopy (ESEM)

Form, Größe und Topographie der verwendeten Partikeln konnten mit Hilfe rasterelektronenmikroskopischer Aufnahmen bestimmt werden. Hierfür wurde ein ESEM vom Typ XL 30 FEG (Phillips, Niederlande) eingesetzt. Bei der Aufnahme eines Bildes wurde jeweils ein Tropfen der Partikelsuspension auf ein Filterpapier gegeben. Das Filterpapier wurde auf den Probehalter geklebt, auf dessen Oberfläche zuvor ein Kohlenstoffplättchen angebracht wurde. Die Partikeln wurden über Nacht bei Raumtemperatur getrocknet und am nächsten Tag im ESEM analysiert.

EDX-Analyse

Mittels energiedispersiver Röntgenmikroanalyse EDX (engl. Energy Dispersive X-ray microanalysis) wurde die Elementzusammensetzung von verschiedenen Partikeloberfläche (bis ca. 3 µm Tiefe) ermittelt. Die Atome in der Probe werden dabei durch einen Elektronenstrahl angeregt, wobei die Probe Röntgenstrahlung mit einer elementspezifischen Energie aussendet. Dadurch kann eine qualitative bzw. semi-quantitative Bestimmung der chemischen Zusammensetzung der Probenoberfläche durchgeführt werden. Die EDX-Analyse wurde mit denselben Proben, die auch zur ESEM-Anlyse verwendet wurden, parallel durchgeführt, wodurch keine weitere Probenvorbereitung nötig war.

AFM

AFM-Aufnahmen wurden im Kontakt Modus des Geräts AFM (Atomic Forze Microscope) (Phillips, Niederlande) verbunden mit einem Nanoscope IIIa (Digital Instruments, USA) durchgeführt. Aufgrund von Problemen mit der Haftung der Polymerpartikel auf dem Träger wurden die Partikel mit Aldehyd-Gruppen sowie die Glasträger mit Amin-Gruppen funktionalisiert. Dadurch wurden die Partikel auf dem Träger immobilisiert und anschließend die Oberfläche der Partikel mit der Cantilever-Spitze abgetastet.

BET-Messungen

Die aktive Partikeloberfläche wurde nach der BET-Methode mit dem Gerät AUTOSORB1 (Quantachrom, Greenvale, USA) unter Verwendung einer Stickstoffatmosphäre bestimmt. Die zu untersuchenden, getrockneten Partikel werden vor der Messung bei einem Druck von etwa 10^{-4} mbar und einer Temperatur von 40 °C über einen Zeitraum von 12 h ausgeheizt. Danach werden durch Druckvariation (10^{-4} mbar bis Umgebungsdruck) unterschiedliche Mengen N_2 an den Partikeln adsorbiert. Aus der sich ergebenden Adsorptionsisotherme kann die BET-Oberfläche bestimmt werden.

Zetapotential

Die Zetapotential Messungen wurden mittels eines Zetasizers 5000 (Malvern Instruments, Herrenberg) durchgeführt. Die Partikel wurden als stark verdünnte Suspension in VE-Wasser vorbereitet. Für die Zetapotential-Messungen wurden Titrationskurven aufgenommen. Dafür wurde die pH-Wert-Änderung von einem automatischen Titrator (Mettler Toledo DL 25, Titrator) gesteuert. Der pH-Wert wurde durch Zugabe von 0,01 M NaOH-Lösung oder 0,01 M HCl eingestellt und durch eine frisch kalibrierte pH-Messsonde gemessen. Der Zetasizer wurde so eingestellt, dass pro pH-Einheit drei Messungen erfolgten, welche wiederum dreifach bestimmt wurden.

CNHS Elementaranalyse

Bei der Elementaranalyse können die Elemente Kohlenstoff (C), Stickstoff (N), Wasserstoff (H) und Schwefel (S) in organischen und anorganischen Verbindungen nachgewiesen werden. Die Probe wird für die Bestimmung im Analysator bei einer Temperatur von 1000 °C im Sauerstoffstrom verbrannt. Bei der Verbrennung entstehen aus den Elementen C, H, N und S die Oxidationsprodukte CO_2, H_2O, NO_2, NO und SO_2. Die Messung der Verbrennungsgase von CO_2, H_2O und SO_2 erfolgt durch selektive IR-Detektoren. Nach der entsprechenden Absorption dieser Gase wird der Gehalt des verbleibenden Stickstoffes mittels Wärmeleitfähigkeitsdetektion ermittelt.

3.4.4 Analytische Methoden

Gravimetrische Bestimmung der Partikelkonzentration

Die Bestimmung der Konzentration der Magnetpartikeln in Suspensionen erfolgte mit Hilfe von ml

Glasröhrchen, wie sie z. B. in der „high-performance-liquidchromatography (HPLC)" eingesetzt werden. Diese wurden leer mittels einer Labormikrowaage MC5 (Sartorius, Göttingen) ausgewogen. Danach wurden sie mit je 0,5 ml der Partikelsuspension befüllt und über Nacht bei 45 °C in den Trockenschrank gestellt. Zum Abkühlen wurden die Proben ca. 20 min in einem Eksikkator aufbewahrt. Durch erneutes Wiegen und Differenzbildung wurde die Partikelmasse bzw. die Partikelkonzentration in der Suspension bestimmt.

TNBS-Test

Zum quantitativen Nachweis der Aminogruppen auf der Partikeloberfläche wurde der TNBS-Test (TNBS: 2, 4, 6 Trinitrobenzolsulfonsäure) verwendet [94]. Eine bestimmte Probemenge magnetischer Partikeln wird mit 1 ml 0,1% (w/v) wässriger TNBS-Lösung (enthält 3% (w/v) Natriumtetraborat) 5 min lang bei 70°C unter intensivem Schütteln inkubiert, wobei die 2, 4, 6 Trinitrobenzolsulfonsäure unter Abspaltung von Schwefelsäure an die nachzuweisenden Aminogruppen bindet. Die Umsetzung der aminofunktionalisierten Partikel zu Partikeln mit Trinitrophenylrest verläuft wegen des großen Überschusses an TNBS vollständig. Der Reaktionsverlauf ist in Abbildung 3-8 dargestellt. Danach werden die magnetischen Partikel mehrmals mit VE-Wasser gewaschen, wodurch nur die an Partikel kovalent gebundene 2, 4, 6 Trinitrobenzolsulfonsäure verbleibt. Anschließend erfolgt die Zugabe von 1,5 ml 1M NaOH und unter intensivem Schütteln für 10 min bei 70°C eine Reaktion. Schließlich werden die magnetischen Partikeln abgetrennt und im Überstand die Menge an 2,4,6-Trinitrophenol bei 410 nm mit reiner 1M Natronlauge als Vergleich photometrisch gemessen. Parallel dazu wurde eine Eichkurve mit verschiedenen bekannten 2, 4, 6 Trinitrobenzolsulfonsäure Konzentrationen (0 bis 500 nmol) ermittelt. Die Konzentration der Aminogruppen kann über den TNBS-Test in µmol Aminogruppen pro g trockenem Partikel angegeben werden

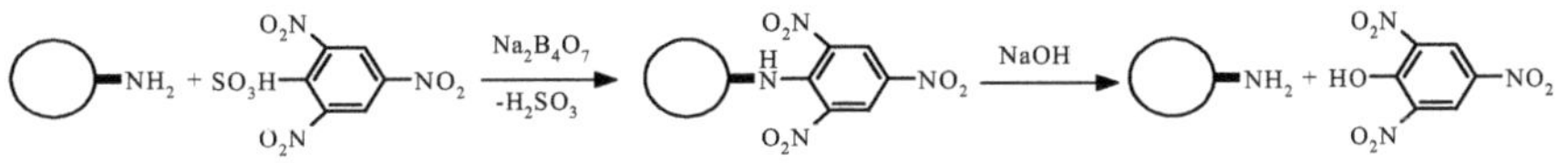

Abbildung 3-8: Reaktion der Aminogruppe mit 2, 4, 6-Trinitrobenzensulfonsäure (TNBS)

3.5 Funktionalisierung der PVAc-Partikel

Die magnetischen Partikel wurden mittels Aktivierung der Oberfläche, durch den Aufbau von Spacerarmen und die Kopplung von Liganden bzw. funktionellen Gruppen weiter funktionalisiert, mit dem Ziel einer Synthese selektiver und effizienter Mikrosorbentien.

Als Möglichkeit zur Funktionalisierung magnetischer PVAc-Partikeln wurden zwei Varianten untersucht. Zum einen die Kopplung eines Farbstoff-Liganden und zum anderen die Aktivierung der Oberfläche durch kationenaustauscheraktive Gruppen.

3.5.1 Funktionalisierung mit einem Farbstoff-Liganden

Als Farbstoff-Ligand wurde Cibacron Blue (CB) der Firma Sigma verwendet. Als Polymer-Träger wurden Polyvinylacetat-Partikel gewählt. Das Cibacron Blue besitzt neben anderen funktionellen Gruppen reaktive Amin-, Keto- und Chlorogruppen ($-NH_2$, $=O$ und $-Cl$) über die eine Ankopplung an geeignete organische Gruppen möglich ist. Diese Ligandenbindung wird in Kapitel (siehe 3.5.1.4) näher untersucht. Bevor Cibacron Blue als Ligand an die magnetischen Mikropartikel gebunden werden kann, muss die Partikeloberfläche jedoch in der Regel erst durch Spacerarme aktiviert bzw. funktionalisiert werden.

3.5.1.1 Spaceraufbau

1 g magnetischer Polyvinylacetatpartikeln wurde mehrmals mit entionisiertem Wasser gewaschen und mit Hilfe eines Permanentmagneten abseparariert. Danach wurden zu den magnetischen PVAc-Partikeln 14,1 ml 50% (w/w) Hexamethylendiaminlösung und 50 ml entionisiertes Wasser zugegeben und die Suspension 2 h bei 60°C in einem Schüttler bei 120 Upm gemischt, um die Reaktion der Acetatgruppen an den Polymerpartikeln mit dem Hexamethylendiamin zu erreichen. Nach Reaktionsende ist die Oberfläche der Partikel idealerweise komplett mit Aminogruppen bedeckt. Mit Hilfe des TNBS-Tests (siehe Absatz 3.4.4) wurde die Beladung an Aminogruppen ermittelt und auf dieser Basis die zur weiteren Reaktion notwendigen Chemikalienmengen berechnet. Die Reaktionsgleichung für diese erste Reaktion des Spaceraufbaus lautet:

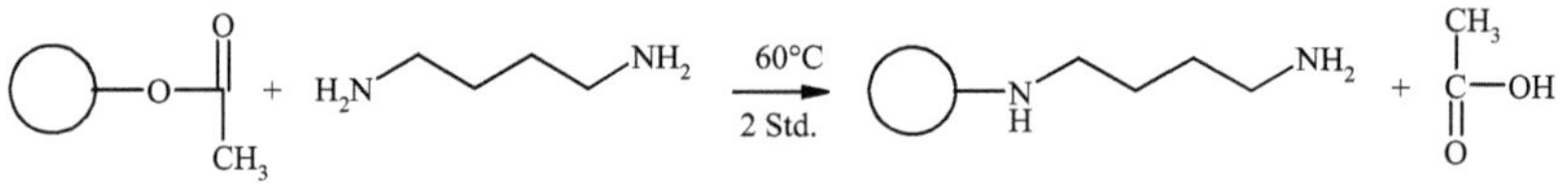

3.5.1.2 Spacerverlängerung

1 g amino-funktionalisierter magnetischer PVAc-Partikel wurde erneut mehrmals mit entionisiertem Wasser gewaschen. Anschließend wurden die Partikel mit 14,2 ml 25% (w/w) Glutardialdehydlösung und 50 ml entionisiertem Wasser versetzt und über Nacht bei Raumtemperatur in einen Schüttler bei 120 Upm gemischt. Die Reaktionsgleichung der Spacerverlängerung lautet:

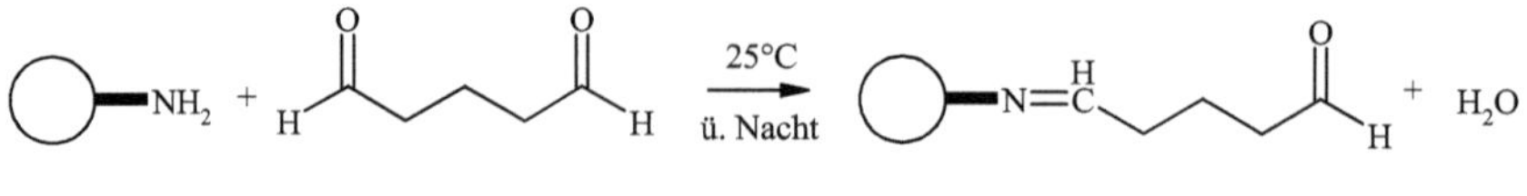

3.5.1.3 Aktivierung

Für die Aktivierung der so funktionalisierten PVAc-Partikeln können unterschiedliche Reagenzien eingesetzt werden. Die einzelnen Reaktionen und die entsprechenden Reaktionsbedingungen werden im Folgenden dargestellt. Die Reaktion fand dabei immer zwischen den Aldehydgruppen auf der Oberfläche der funktionalisierten Partikeln und den Aminogruppen der eingesetzten Reaktionspartner statt.

2-Chlorethylammoniumchlorid

60 ml einer 50 mM 2-Chlorethylammoniumchloridlösung wurden mit 1 g der mit Aldehydgruppen funktionalisierten magnetischen Partikel über Nacht bei 55°C in einen Schüttler bei 120 Upm gemischt. Das zugehörige Reaktionsschema lässt sich wie folgt dargestellt:

$$\text{P}-\text{CHO} + \text{H}_2\text{N}-\text{CH}_2-\text{CH}_2-\text{Cl} \xrightarrow[\text{ü. Nacht}]{55°C} \text{P}=\text{N}-\text{CH}_2-\text{CH}_2-\text{Cl} + \text{H}_2\text{O}$$

Ethanolamin

Je ein Gramm Partikel wurden mit 2,4 ml Ethanolamin und 50 ml entionisiertem Wasser gemischt und über Nacht bei 55°C in einem temperierbarer Schüttler reagieren gelassen. Die zugehörige Reaktionsgleichung lautet:

$$\text{P}-\text{CHO} + \text{H}_2\text{N}-\text{CH}_2-\text{CH}_2-\text{OH} \xrightarrow[\text{ü. Nacht}]{55°C} \text{P}=\text{N}-\text{CH}_2-\text{CH}_2-\text{OH} + \text{H}_2\text{O}$$

3-Amino-Propan-1-ol

1 g Partikel wurden mit 3 ml 3-Amino-Propan-1-ol und 50 ml entionisiertem Wasser gemischt und über Nacht bei 55°C in einen temperierbaren Schüttler zur Reaktion gebracht.

$$\text{P}-\text{CHO} + \text{H}_2\text{N}-\text{CH}_2-\text{CH}_2-\text{CH}_2-\text{OH} \xrightarrow[\text{ü. Nacht}]{55°C} \text{P}=\text{N}-\text{CH}_2-\text{CH}_2-\text{CH}_2-\text{OH} + \text{H}_2\text{O}$$

3 Amino-1,2 Propandiol

3 ml 3-Amino-1,2-Propandiol in 50 ml entionisiertem Wasser wurden für 1 g Partikel eingesetzt. Die Reaktion fand über Nacht in einen Schüttler bei 120 Upm und 55°C statt.

$$\text{P}-\text{CHO} + \text{H}_2\text{N}-\text{CH}_2-\text{CH(OH)}-\text{CH}_2\text{OH} \xrightarrow[\text{ü. Nacht}]{55°C} \text{P}=\text{N}-\text{CH}_2-\text{CH(OH)}-\text{CH}_2\text{OH} + \text{H}_2\text{O}$$

3.5.1.4 Kopplung des Liganden Cibacron Blue

Kopplung über die Aminogruppe

67 ml einer 30 mM Cibacron Blue-Lösung wurden mit 1 g aktivierter magnetischer Partikel über Nacht bei 55°C in einen Schüttler bei 120 Upm gemischt. Hierbei wird die Kopplung durch Reaktion der Aminogruppe des Cibacron Blue Moleküls entweder mit der Chloro-, der Aldehyd oder der Hydorxyl-Gruppe des Spacers durchgeführt.

Kopplung über die Keto-Gruppe

In 100 ml einer Methanollösung (50% Vol. in Wasser) wurde 1 g magnetische PVAc-Partikel, die mit 3-Amino-1,2-Propandiol aktiviert wurden, mit 67 ml einer 30 mM Cibacron Blue-Lösung gemischt und der pH-Wert durch die Zugabe von Essigsäure auf 4,2 eingestellt. Die Reaktion wurde über Nacht bei 55°C in einem temperierbaren Schüttler bei 120 Upm durchgeführt, wobei die Hydroxylgruppe mit der Sauerstoffgruppe des Cibacron Blue unter Abspaltung von Wasser reagierte.

Kopplung über die Chloro-Gruppe

1 g funktionalisierte PVAc-Partikel wurde mit 67 ml 30 mM Cibacron Blue-Lösung und 40 ml 50 mM Dinatriumcarbonatlösung über Nacht bei 55°C in einen Schüttler bei 120 Upm gemischt. In diesem Fall reagiert die Amino- bzw. Hydroxylgruppe am Spacer der aktivierten Partikel mit der Chlorogruppe des Cibacron Blue Molekül. Die Reaktion findet bei pH:11 statt.

Bei allen drei Reaktionstypen wurden die Partikel nach Reaktionsende mehrmals mit VE-Wasser gewaschen bis keine Blaufärbung mehr erkennbar war. Ein weiterer Waschvorgang erfolgte mit 1 M NaSCN in 20 mM Phosphatpuffer pH 8, ebenfalls bis keine Blaufärbung mehr zu sehen war.

3.5.1.5 Spacervariation

In Tabelle 3-5 sind für jede reaktive Gruppe des Cibacron Blue die für die Kopplung verwendeten Spacer zusammengefasst, wobei außerdem die Reagenzien für jeden Funktionalisierungsschritt angeführt werden. Die verschiedenen Spacerarme werden zusätzlich durch einen Buchstaben-Code abgekürzt.

„P-abd" ist beispielsweise die Bezeichnung für ein Polymerpartikel mit einem Spacerarm aus „a" (= Hexamethylendiamin) und „b" (= Glutardialdehyd), welcher mit „d" (= Cibacron Blue) funktionalisiert wurde. Die Beschreibung der Codierung von anderen Spacerarmen ist in Tabelle 3-5 zusammengefasst. Eine idealisierte schematische Darstellung, wie die Spacerarme mit den gekoppelten Farbstoff-Liganden an den Polymerpartikeln gebunden sind, zeigt Abbildung 7-2 in Anhang 7.2.1. Zur besseren Übersichtlichkeit entsprechen die Größenverhältnisse zwischen

Polyvinylacetatpartikel und den Spacerarmen allerdings nicht der Realität.

Die erfolgreiche Anbindung des Cibacron Blue an die PVAc-Partikel wird durch eine dunkle blaugrüne Färbung der Suspension auch nach mehreren Waschschritten angezeigt. Auf eine genauere Untersuchung der Anbindungen wird im nächsten Absatz eingegangen.

Tabelle 3-5: Beschreibung, Codierung und Zwischenreaktionen der Spacervariation an Polyvinylacetatpartikel für die Cibacron Blue Funktionalisierung

Reaktive Gruppe des Cibacron Blue	Code	Spacer-Aufbau	Spacer-Verlängerung	Aktivierung	Ligand
NH$_2$	abd	a– Hexamethylendiamin	b- Glutardialdehyd	-	d- Cibacron Blue
	ababd	a– Hexamethylendiamin	b- Glutardialdehyd	a- Hexamethylendiamin b- Glutardialdehyd	d- Cibacron Blue
	abcd	a– Hexamethylendiamin	b- Glutardialdehyd	c– Chlorethylammoniumchlorid	d- Cibacron Blue
Cl	ad	a– Hexamethylendiamin	-	-	d- Cibacron Blue
	abad	a– Hexamethylendiamin	b- Glutardialdehyd	a –Hexamethylendiamin	d- Cibacron Blue
	abed	a– Hexamethylendiamin	b- Glutardialdehyd	e -Ethanolamine	d- Cibacron Blue
	abhd	a– Hexamethylendiamin	b- Glutardialdehyd	h -2 Amino 1 Propanol	d- Cibacron Blue
O	abkd	a– Hexamethylendiamin	b- Glutardialdehyd	k -3 Amino 1,2 Propandiol	d- Cibacron Blue

3.5.1.6 Bestimmung der Ligandenkonzentration

Die erreichte Ligandenkonzentration auf den Partikeln wurde mittels analytischer Methoden wie UV/VIS, FTIR und EDX untersucht. Auf Grund der im Vergleich zu den Partikeln geringen Gewichtsanteile des gebundenen Liganden war es jedoch mit allen der genannten Methoden nicht möglich, verlässliche quantitative Aussagen zu treffen (siehe Zucic [95]). Einzig über die Elementaranalyse für Schwefel mittels CHNS-Detektion (siehe Absatz 3.4.4) gelang eine Bestimmung der Ligandenbeladung (in μmol Cibacron Blue je g Partikel).

EXPERIMENTELLER TEIL

3.5.2 Funktionalisierung mit einer Kationenaustauschergruppe

Um Partikel mit der Befähigung zum Kationenaustausch zu generieren, wurden zuerst Spacer auf der Oberfläche von PVAc-Partikeln über die schon in Abschnitt 3.5.1.1 und 3.5.1.2 beschrieben Reaktionen erzeugt. Daraufhin wurden diese Spacer in einer weiteren Reaktion so funktionalisiert, dass idealerweise an jedem zur Verfügung stehenden Spacer eine Sulfonsäure-Gruppe die Endgruppe bildet. Diese magnetischen Partikel mit Sulfonsäure-Gruppen wirken dann als starksaurer Kationenaustauscher. Um eine derartige Funktionalisierung zu erreichen, wurden Reaktionen mit den Natriumsalzen von 2-Chlorethansulfonsäure und 2-Bromethansulfonsäure, Hydroxymethansulfonsäure und 2-Aminoethansulfonsäure, durchgeführt:

2-Chlorethansulfonsäure Natriumsalz

Nach dem Spaceraufbau wurden die magnetischen Partikel mit Aminogruppen an der Oberfläche mehrmals mit deionisiertem Wasser gewaschen. 1 g Partikel wurde mit 80 ml einer 50 mM 2-Chlorethansulfonsäure Natriumsalz-Lösung versetzt und eine Stunde bei Raumtemperatur in einem Schüttler bei 120 Upm gemischt. Daraufhin wurden 0,3 ml einer 25% Ammoniaklösung zugegeben und zwei Stunden weiter reagieren gelassen. Hierbei reagiert die Aminogruppe der Partikeln mit der Chlorgruppe der 2-Chlorethansulfonsäure in einer Substitutionsreaktion. Das Reaktionsschema lautet:

$$\bigcirc\!\!-\!\!NH_2 + Cl\!\!\frown\!\!SO_3Na \xrightarrow[NH_3 \ 3 \ Sdt.]{25°C} \bigcirc\!\!-\!\!\overset{H}{N}\!\!\frown\!\!SO_3Na + NH_4^+Cl^-$$

2-Bromethansulfonsäure Natriumsalz

Entsprechend der Reaktion mit 2-Chlorethansulfonsäure Natriumsalz wurde eine Reaktion zwischen 2-Bromethansulfonsäure Natriumsalz und den Aminogruppen aktivierter magnetischer PVAc-Partikeln durchgeführt. Brom hat verglichen mit Chlor eine geringere Elektronegativität. Aus diesem Grund sollte diese Reaktion schneller und vollständiger ablaufen. Zu 1 g Partikel wurden 80 ml einer 50 mM 2-Bromethansulfonsäure Natriumsalz-Lösung zugegeben und eine Stunde bei Raumtemperatur in einen Schüttler bei 120 Upm gemischt. Anschließend wurden 0,3 ml einer 25% Ammoniaklösung hinzugegeben und zwei Stunden weiter reagieren gelassen.

$$\bigcirc\!\!-\!\!NH_2 + Br\!\!\frown\!\!SO_3Na \xrightarrow[NH_3 \ 3 \ Sdt.]{25°C} \bigcirc\!\!-\!\!\overset{H}{N}\!\!\frown\!\!SO_3Na + NH_4^+Br^-$$

Hydroxymethansulfonsäure

1 g der magnetischen Partikeln wurde nach der Spacerverlängerungsreaktion (Aldehydgruppen an

der Oberfläche) mehrmals mit VE-Wasser gewaschen und mit 40 ml 100 mM Hydroxymethansulfonsäurelösung gemischt. Zu dieser Suspension wurden 5 ml einer 0,01 M Schwefelsäure hinzugegeben und bei Raumtemperatur über Nacht reagieren gelassen. Die endständige Aldehydspacergruppe reagiert dabei mit der Hydroxylgruppe der Hydroxymethansulfonsäure. Das Reaktionsschema lautet:

$$\text{O}-\text{CHO} + 2\ \text{HO}\diagdown\text{SO}_3\text{Na} \xrightarrow[\text{ü. Nacht 25°C}]{\text{H}^+} \text{O}\diagup\diagdown\begin{matrix}\text{O}-\text{SO}_3\text{Na}\\\text{O}-\text{SO}_3\text{Na}\end{matrix}$$

2-Aminoethansulfonsäure (Taurin)

Pro Gramm Partikeln mit endständigen Aldehydgruppen wurden bei dieser Reaktion 50 ml 0,2 M 2-Aminoethansulfonsäure-Lösung verwendet und mit 5 ml 0,01 M Schwefelsäure katalysiert. Die Reaktion lief über vier Stunden bei Raumtemperatur unter Rühren ab. Die Partikel wurden mehrmals mit VE-Wasser gewaschen und bei 4 - 7°C und einem pH-Wert von 8 gelagert.

$$\text{O}-\text{CHO} + \text{H}_2\text{N}\diagdown\text{S(=O)}_2\text{-OH} \xrightarrow[\text{25°C 4 Sdt.}]{\text{H}^+} \text{O}=\text{N}\diagdown\text{S(=O)}_2\text{-OH} + \text{H}_2\text{O}$$

In Tabelle 3-6 sind die mit vier unterschiedlich stark sauren Kationenaustauschergruppen funktionalisierten magnetischen Polyvinylacetatpartikel mit den zugeordneten Spacern zusammengefasst. Außerdem sind die Reagenzien für jeden Funktionalisierungsschritt aufgelistet. Die Spacerarme sind wieder durch einen Buchstaben-Code und einen Namen identifiziert. Idealisierte schematische Darstellungen der magnetischen Polyvinylacetat-Partikeln mit unterschiedlichen Spacerarmen und Kationenaustauscher-Gruppen finden sich in Abbildung 7-5 in Anhang 7.2.2.

Tabelle 3-6: Beschreibung, Codierung und Zwischenreaktionen für die Funktionalisierung von Polyvinylacetatpartikel mit Kationenaustauschergruppen

Name	Matrix	Code	Spacer-Aufbau	Spacer-Verlängerung	Aktivierung
SACE I	PVAc	aj	a– Hexamethylendiamin		j– 2-Chlorethansulfonsäure Natriumsalz
SACE II	PVAc	abg	a– Hexamethylendiamin	b– Glutardialdehyd	g– Hydroxymethansulfonsäure
SACE III	PVAc	abo	a– Hexamethylendiamin	b– Glutardialdehyd	o– 2-Aminoethansulfonsäure (Taurin)
SACE IV	PVAc	an	a– Hexamethylendiamin	-	n– 2-Bromethansulfonsäure

3.6 Verseifung und Funktionalisierung von PVAc-Partikeln

Auf Basis von Polyvinylacetatpartikeln (PVAc-Partikel) wurden magnetische Polyvinylalkohol(PVA)-Partikel nach einer Verseifungsprozedur hergestellt. Durch die Einführung von OH-Gruppen an der Oberfläche der Partikel wurden neue funktionelle Gruppen erzeugt. Es wurden zwei Varianten zur Funktionalisierung der resultierenden magnetischen PVA-Partikeln durchgeführt. Zum einen die Kopplung von stark sauren Kationenaustauschergruppen und zum anderen die Aktivierung der Oberfläche durch einen schwach sauren Kationenaustauscher als aktive Gruppe.

3.6.1 Verseifung von PVAc- zu PVA-Partikel

Unter Verseifung oder Saponifikation versteht man die Hydrolyse eines Esters durch die wässrige Lösung eines basischen Stoffes, z. B. durch eine Lauge. Die Verseifung ist eine irreversible Reaktion. Als Produkte der Reaktion treten ein Alkohol und das entsprechende Salz der Säure auf. Der Mechanismus der Verseifung von Carbonsäureestern ist hier in Abbildung 3-9 schematisch gezeigt:

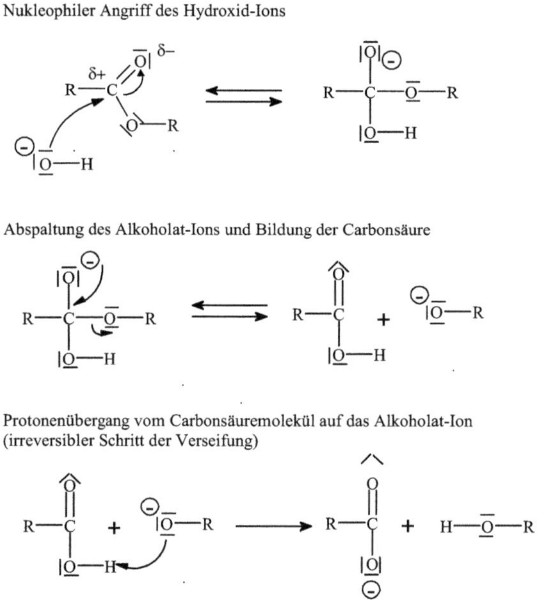

Nukleophiler Angriff des Hydroxid-Ions

Abspaltung des Alkoholat-Ions und Bildung der Carbonsäure

Protonenübergang vom Carbonsäuremolekül auf das Alkoholat-Ion
(irreversibler Schritt der Verseifung)

Abbildung 3-9: Verseifungsmechanismus von Carbonsäureestern

5 g magnetische Polyvinylacetatpartikel wurden bei dieser Reaktion in einem Glasreaktor

zusammen mit 100 ml einer Lösung aus 94 ml Methanol und 6 ml VE-Wasser, in der zuvor 15 g NaOH gelöst wurde, vermischt und bei 50°C für 6 h und 500 Upm gerührt.

Ausgehend von den magnetischen Polyvinylacetatpartikeln erfolgt hierdurch die Umwandlung der Acetatgruppen an der Oberfläche der Partikel zu Alkoholgruppen. Dadurch wird Polyvinylacetat in Polyvinylalkohol umgewandelt.

3.6.2 Funktionalisierung mit einer Kationenaustauschergruppe

Um Partikel mit der Befähigung zum Kationenaustausch zu generieren, wurde zuerst die Oberfläche der PVA-Partikeln über kurze Spacer oder direkte Reaktion zwischen einer OH-Gruppe auf der Partikeloberfläche und den Reagenzien mit Sulfonsäure-Gruppen als Endgruppen erzeugt. Diese Sulfonsäure-Gruppen wirken dann als stark saurer Kationenaustauscher. Um eine derartige Funktionalisierung zu erreichen, wurden Reaktionen mit 2-Chlorethansulfonsäure Natriumsalz, Hydroxymethansulfonsäure und 2-Chlorethylammoniumchlorid durchgeführt. Als Alternative wurde die verseifte Partikelmatrix (OH-Gruppen an der Oberfläche) mit schwach sauren Kationenaustauschergruppen mittels einer Graftingreaktion versehen.

2-Chlorethylammoniumchlorid

Als Resultat der Reaktion der Hydroxylgruppe auf der Partikeloberfläche der PVA-Partikel mit dem Reagenz 2-Chlorethylammoniumchlorid wird ein kurzer Spacerarm aufgebaut. Für die Reaktion wurden 1 g Partikeln zu 20 ml einer Lösung mit 0,5 M 2-Chlorethylammoniumchlorid in 0,1M NaOH gegeben. Die Reaktion lief über Nacht bei Raumtemperatur und wurde in einem Schüttler bei 120 Upm gemischt. Hierbei verläuft die Kopplung durch eine Substitutionsreaktion der Hydroxylgruppe an mit den Chlorogruppen des 2-Chlorethylammoniumchlorids:

○—OH + Cl—CH$_2$—CH$_2$—NH$_2$ $\xrightarrow[\text{NaOH 12 Std.}]{25°C}$ ○—O—CH$_2$—CH$_2$—NH$_2$ + NaCl

2-Chlorethansulfonsäure Natriumsalz

Nach der Verseifung wurde 1 g der magnetischen Partikel mit Hydroxylgruppen an der Oberfläche mit 20 ml einer 0,5 M 2-Chlorethansulfonsäure Natriumsalz in 0,1M NaOH zugegeben und über Nacht bei Raumtemperatur in einen Schüttler bei 120 Upm gemischt. Hierbei reagierten die Hydroxylgruppen der PVA-Partikeln mit der Chlorgruppe der 2-Chlorethansulfonsäure in einer Substitutionsreaktion. Das Reaktionsschema ist hier gezeigt

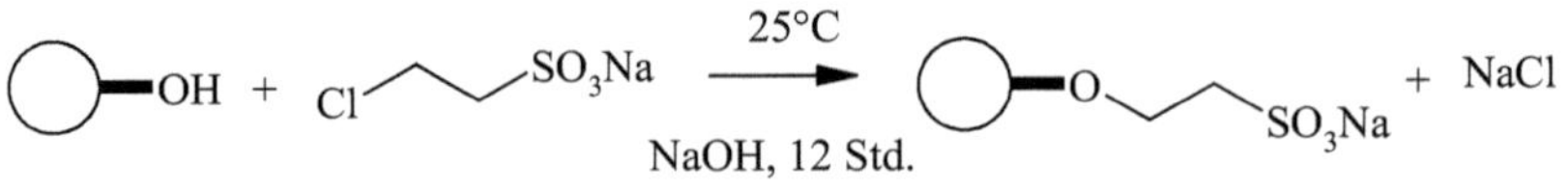

○—OH + Cl~SO₃Na →[25°C, NaOH, 12 Std.] ○—O~SO₃Na + NaCl

Dasselbe Reagenz wurde für die Aktivierung von mit Aminogruppen funktionalisierten PVA-Partikeln verwendet. Hierzu wurde zu 1 g Partikeln 80 ml einer 50 mM 2-Chlorethansulfonsäure Natriumsalz-Lösung gegeben und eine Stunde bei Raumtemperatur in einem Schüttler bei 120 Upm gemischt. Daraufhin wurden 0,3 ml einer 25% Ammoniaklösung hinzugegeben und weitere zwei Stunden geschüttelt.

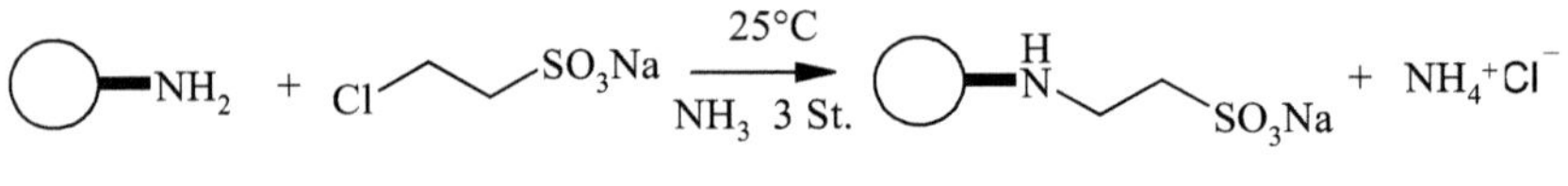

○—NH₂ + Cl~SO₃Na →[25°C, NH₃ 3 St.] ○—NH~SO₃Na + NH₄⁺Cl⁻

Glutardialdehyd

Zu 1 g der magnetischen Partikeln mit Hydroxylgruppen an der Oberfläche wurden 14,2 ml 25% (w/w) Glutardialdehydlösung und 50 ml entionisiertes Wasser gegeben. Zu dieser Suspension wurden 5 ml 0,01 M Schwefelsäure dosiert und bei Raumtemperatur 4 Stunden reagieren gelassen. Die endständige Hydroxylgruppe reagiert dabei mit der Aldehydgruppe von Glutardialdehyd:

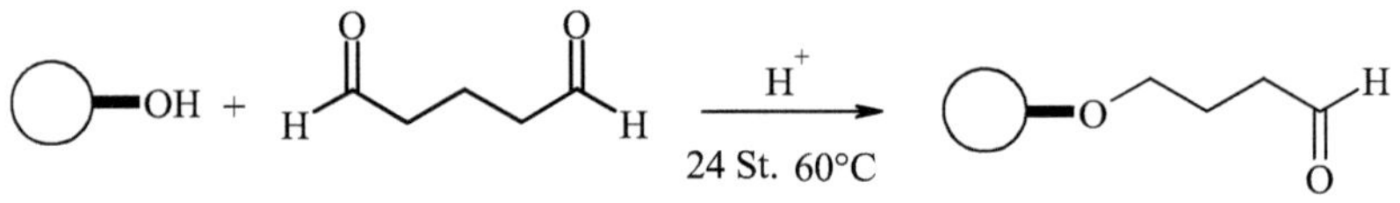

○—OH + H-CO-(CH₂)₃-CHO →[H⁺, 24 St. 60°C] ○—O~CHO

Hydroxymethansulfonsäure

1 g Partikeln wurden nach der Spacerverlängerungsreaktion (Aldehydgruppen an der Oberfläche) mit 40 ml 100 mM Hydroxymethansulfonsäurelösung vermischt. Dazu wurden 5 ml 0,01 M Schwefelsäure dosiert und über Nacht bei Raumtemperatur in einem Schüttler reagieren gelassen. Dabei reagiert die endständige Aldehydspacergruppe mit der Hydroxylgruppe der Hydroxymethansulfonsäure. Die zugehörige Reaktionsgleichung ist hier gezeigt:

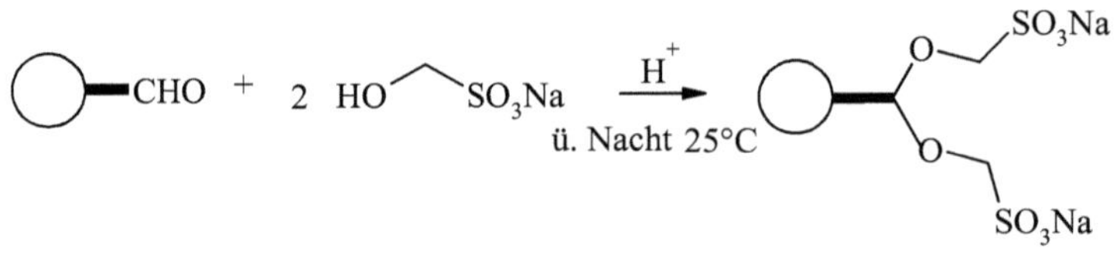

○—CHO + 2 HO~SO₃Na →[H⁺, ü. Nacht 25°C] ○—C(O~SO₃Na)(O~SO₃Na)

Grafting

Für die Oberflächenfunktionalisierung von Polymeren, wie Zellulose und Polyvinylalkohol eignet sich auch eine durch Cerium(IV) initiierte Graftingreaktion. Voraussetzung hierfür ist das Vorliegen von Hydroxylgruppen auf der Oberfläche. Hydrolxylgruppen bilden durch die Oxidation von Cerium(IV) zu Cerium(III) freie Radikale und in Präsenz von Monomeren (z.B. Acrylsäure, Glycidylmethacrylat) beginnt sich eine Polymerkette zu bilden [96].

Beim Grafting von PVA-Partikeln mit Acrylsäure bilden sich mit Hilfe der Reduktion von Cerium(IV) zu Cerium(III) freie Radikale am PVA. Diese veranlassen die Polymerisation mit Acrylsäure als Monomer. Bei der Verwendung der Acrylsäure ist gewährleistet, dass die Polymerisation nur auf der Oberfläche der Partikel stattfindet.

Zur Herstellung von 1 g gegrafteten PVA-Partikeln wurde zunächst eine Lösung aus 300 mg Ammonium Cerium(IV) Nitrat in 4 ml 2 M Salpetersäure hergestellt. Parallel dazu wurden die Partikel mit 100 ml VE-Wasser zweimal gewaschen, das zuvor für 20 Minuten mit Stickstoff begast wurde. Die Stickstoffatmosphäre gewährleistet, dass die spätere Bildung der freien Radikale nicht durch Sauerstoffmoleküle gestoppt wird. Anschließend wurden 6 ml Acrylsäure hinzugegeben und 5 Minuten gemischt, wobei die Suspension während der Gesamtprozedur weiter mit Stickstoff begast wurde. Dann wurde 4 ml Cerium(IV)-Lösung zugegeben. Die Polymerisationsreaktion lief über drei Stunden bei ständigem Rühren ab. Nach Reaktionsende wurden die Partikel durch einen Permanentmagneten separiert und der Überstand entfernt. Das Waschen der Partikel erfolgte mit 24 ml 0,2 M Natriumsulfitlösungen in 10% (v/w) Essigsäure. Danach wurden die Partikel zweimal mit VE-Wasser, zweimal mit 1 M NaCl-Lösung und erneut zweimal mit VE-Wasser gewaschen und bei 4°C gelagert.

In Tabelle 3-7 sind die mit drei unterschiedlich stark sauren Kationenaustauschergruppen funktionalisierten magnetischen Polyvinylalkoholpartikel mit den zugeordneten Spacerarmen sowie die mit schwach sauren Kationenaustauchergruppen gegraften Polyvinylalkoholpartikel zusammengefasst. Außerdem sind die Reagenzien für jeden Funktionalisierungsschrit aufgelistet und die Spacerarme durch einen Buchstaben-Code und einen Name identifiziert.

Tabelle 3-7: Beschreibung, Codierung und Zwischenreaktionen für Polyvinylalkoholpartikel mit Kationenaustauscher-Funktionalisierung

Name	Matrix	Code	Spacer-Aufbau	Aktivierung
SACE V	PVA	j		j– 2-Chlorethansulfonsäure Natriumsalz
SACE VI	PVA	cj	c– 2-Chlorethylammoniumchlorid	j– 2-Chlorethansulfonsäure Natriumsalz
SACE VII	PVA	bg	b– Glutardialdehyd	g– Hydroxymethansulfonsäure
WACE	PVA	m	-	Grafting mit m–Acrylsäure

Eine idealisierte schematische Darstellung der magnetischen Polyvinalkoholpartikel mit unterschiedlichen Spacerarmen und Kationenaustauscher-Gruppen zeigt Abbildung 7-6 in Anhang 7.2.2.

3.7 Funktionalisierung von silangecoateten Ferritpartikeln

Zur Funktionalisierung des zweiten verwendeten Partikelsystems (silangecoatetes Magnetit) dienten analoge Reaktionen wie im Falle der PVAc-Partikeln. Hierfür wurde auf der Oberfläche von nanoskaligen Magnetitkernen ein Coating aus Aminosilan (APTES) erzeugt. Hierdurch stehen Aminogruppen auf der Oberfläche zur Verfügung (siehe Abbildung 3-7), an die direkt Kationenaustauschergruppen durch 2-Chlorethansulfonsäure Natriumsalz (MS 5 SACE I) funktionalisiert oder ein Spacerarm mit Glutardialdehyd aufgebaut und durch Hydroxymethansulfonsäure (MS 5 SACE II) bzw. 2-Aminoethansulfonsäure (MS 5 SACE III) Kationenaustauschergruppen gekoppelt werden können. Die Reaktionsbedingungen entsprechen den in Kapitel 3.5 beschriebenen, die Codierung und die Zwischenreaktionen sind in zudem Tabelle 3-8 angeführt. Eine idealisierte schematische Darstellung mit unterschiedlichen Spacerarmen und Kationenaustauscher-Gruppen zeigt Abbildung 7-7 in Anhang 7.2.2.

Tabelle 3-8: Beschreibung, Codierung und Zwischenreaktionen für silangecoateten Ferritpartikeln mit Kationenaustauscher-Funktionalisierung

Name	Matrix	Code	Spacer-Aufbau	Aktivierung
MS 5 SACE I	Aminosilan	j		j– 2-Chlorethansulfonsäure Natriumsalz
MS 5 SACE II	Aminosilan	bg	b- Glutardialdehyd	g– Hydroxymethansulfonsäure
MS 5 SACE III	Aminosilan	bo	b- Glutardialdehyd	o– 2-Aminoethansulfonsäure (Taurin)

3.8 Modellsystem

Als Modellsystem zur Demonstration der Aufreinigung von Proteinen bzw. Enzymen aus komplexen Ausgangsmedien wurde Hühnereiweiß gewählt. Für die detaillierte Untersuchung der Sorptionseigenschaften der magnetische Mikrosorbentien wurden zuvor Einstoffisothermen für Lysozym und Ovalbumin ermittelt. Die folgenden Abschnitte beschreiben die für die Sorption relevanten Eigenschaften dieser Modellsysteme.

3.8.1 Lysozym

Lysozym, eine Hydrolase, wurde 1922 von Alexander Fleming entdeckt. Maßgeblich für seine

Entdeckung war die bakterizide Eigenschaft des Lysozyms, d.h. die Fähigkeit die Zellwand bestimmter Bakterien aufzulösen oder zu "lysieren". Im Körper ist Lysozym zur Abwehr von Eindringlingen in Geweben, Körperflüssigkeiten und Immunzellen enthalten. Tränenflüssigkeit enthält beispielsweise viel Lysozym und schützt so das Auge vor dem Eindringen von Bakterien.

Lysozym ist auch in tierischen Produkten wie Milch und Eiern enthalten. Im medizinischen Bereich wird Lysozym als Bakterizid, therapeutisches Agens und Antibiotikaaktivator verwendet [97]. In Abbildung 3-10 ist die Tertiärstruktur von Lysozym dargestellt. Lysozym hat einen isoelektrischen Punkt von pH 11 und ist bis zu diesem pH-Wert positiv geladen. Das Enzym hat eine molare Masse von 14,2 kDa.

Abbildung 3-10: Tertiärstruktur des Lysozym

3.8.2 Ovalbumin

Die physiologische Funktion des Proteins Ovalbumin ist, im Gegensatz zu Lysozym, noch weitgehend unbekannt. Dieses Protein kommt in großer Menge im Vogeleiweiß vor. Ovalbumin gehört zu der Familie der Serpinproteine und besitzt keine Proteasen-Inhibitoren. Das Ovalbumin besteht aus 385 Aminosäuren und seine molare Masse hat einen Wert von 45 kDa. Die Temperatur für seine Denaturierung schwankt zwischen 78°C bis 86°C [98]. Das Protein hat einen isoelektrischen Punkt bei einem pH-Wert von 4,5 und ist damit ist bei höheren pH-Werten negativ geladen. Abbildung 3-11 zeigt eine Darstellung der Tertiärstruktur von Ovalbumin.

Abbildung 3-11: Tertiärstruktur des Ovalbumin

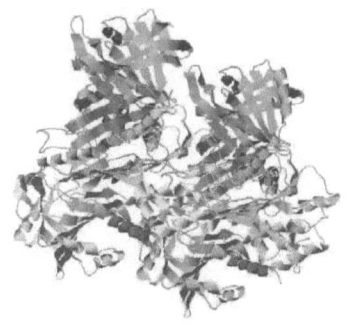

3.8.3 Hühnereiweiß

Der allgemein gebräuchliche Name für das Eiklar von Hühnereiern ist Eiweiß. Hühnereiweiß beinhaltet ca. 40 verschiedene Proteine. In Tabelle 3-9 ist eine Liste der wichtigsten dieser Proteinen aufgeführt.

Um Lysozym aus Hühnerweiß zu gewinnen, wurde dieses vorbehandelt. Zuerst wurde das Ovomucin ausgefällt. Ovomucin ist ein Protein, das sich in niedriger Konzentration in dem Eiweiß befindet und bei einem pH-Wert von 8 als schleimige Flocken ausfällt. Für die Ausfällung wurde zuerst das Hühnereiweiß im Verhältnis 1:4 oder 1:10 mit VE-Wasser verdünnt. Diese Hühnereiweißlösung wurde mit Hilfe von 1 M Salzsäure auf einen pH-Wert von 6 abgesenkt. Die Lösung wurde über Nacht bei 2°C geschüttelt. Das ausgefallene Ovomucin wurde anschließend bei 4°C für 5 Minuten bei 3000 Upm abzentrifugiert (Zentrifuge, Eppendorf, Hermle, ZK 401). Danach wurde das von Ovomucin gereinigte Hühnereiweiß mit 1 M NaOH auf einen pH-Wert von acht eingestellt. Diese Eiweißlösung wird nochmals bei 4°C für 15 Minuten 8000 Upm zentrifugiert, um weiteres unlösliches Material aus der Suspension zu entfernen.

Tabelle 3-9: Hühnereiweiß Zusammensetzung [99]

	Gesamtprotein, %	Molekulargewicht, (kDa)	Isoelektrische Punkt
Ovalbumin	54	77,7	6,2 - 7,2
Ovotransferrin	13	45	4,7 – 4,9
Ovomucoid	11	28	3,8 – 4,4
Ovoglobulin	8	49	5,5 – 5,8
Lysozym	3,5	14,3	10,5
Avidin	0,06	68,3	10
Ovomucin	1,5	49	5,1
Andere	9,5		

3.9 Proteinbestimmung

Im Folgenden werden die in dieser Arbeit eingesetzten Verfahren zur Proteinbestimmung kurz beschrieben.

3.9.1 Photometrie

Für die Messungen der Proteinkonzentrationen wurde ein UV-Vis-Spektrometer (Agilent 8453 UV-VIS-Spektrometer - Messbereich zwischen 190 - 1100 nm) verwendet. Die Intensität der Absorptionsbande bei 280 nm kann durch Anwendung des Lambert-Beerschen-Gesetzes zur

Bestimmung der Konzentration herangezogen werden. Die Konzentrationen von Lysozym und Ovalbumin wurden bei einer Wellenlänge von 280 nm ermittelt. Für die Messungen im ultravioletten Bereich wurden die UV-Küvetten mikro 8,5mm 1 ml Volumen der Firma Brand GmbH, Wertheim, Deutschland verwendet.

Für jede Probe wurde ein Spektrum im Gesamtwellenlängenbereich zwischen 190 - 1100 nm aufgenommen. Durch die Höhe des Peaks bei 280 nm ist die enthaltene Menge an Protein in der Lösung bestimmbar. Zusätzliche wurde eine Messung bei 900 nm (in einem Bereich ohne Peaks) gemessen und vom ermittelten Adsorptionswert bei 280 nm abgezogen, um Einflüsse der Küvette und der Matrix in der das Protein vorliegt zu eliminieren. Als Blank wurden jeweils die Puffer gewählt, in denen die Proteine sich befanden. Dann wurde für das gewählte Protein mit bekannten Konzentrationen (z.B. 0; 0,05; 0,1; 0,2; 0,3; 0,4; 0,5; 0,6; 0,7 g/l) eine Kalibriergerade erstellt. Aus der Steigung der Kalibriergeraden lässt sich der Extinktionskoeffizient ermitteln. Mit Hilfe des Extinktionskoeffizienten können die Konzentrationen in den gemessenen Proben bestimmt werden.

3.9.2 Bicinchoninsäure Protein Assay (BCA-Test)

Eine weitere Möglichkeit zur quantitativen Bestimmung von Proteinen sind colometrische Methoden mit anschließender photometrischer Bestimmung, wie zum Beispiel der BCA-Test. Diese colometrische Methode wurde für die Bestimmung der Proteinkonzentrationen gewählt, wenn die Anwendung der photometrischen Methode durch Störelemente (z.B. eine hohe Salzkonzentration oder einer Verfärbung der Lösung) nicht möglich war.

Der BCA-Test stützt sich auf der Reduktion von Cu^{2+} zu Cu^+ durch funktionelle Gruppen der Proteine. Cu^+ erzeugt mit Natrium-Bicinchoninat im Alkalischen einen purpurfarbenen Komplex, dessen Absorptionsmaximum bei 562 nm liegt und spektrometrisch gemessen werden kann. Der verwendete BCA-Assay stammt von Sigma-Aldrich (St. Louis, USA) wobei die Konzentrationsbestimmung mit Hilfe eines spektrometrischen Laborroboters (Cobas Mira Plus, Roche Diagnostics, Penzberg) automatisiert wurde.

3.9.3 Gelelektrophorese (SDS-Page)

Für die Untersuchungen von Proben mit mehr als einem Protein wurden die entsprechenden Konzentrationen mittels Gelelektrophorese und anschließenden Densiometrie der Gele bestimmt. Verwendet wurden vorgefertigte Gelkassetten (NuPAGE® Novex 10% Bis-Tris Gel 1.0 mm, 15 well) zusammen mit dem Elektrophorese-System Invitrogen XCell Surelock™ Minicell von der Firma Invitrogen, Deutschland.

Das Gel besteht aus einem oberen Sammelgel und einem unteren Trenngel. Das Sammel-Gel konzentriert die Probe in einem Band und erhöht so die Auflösung im nachfolgenden Trenngel. Die Gelmatrix besteht aus Acrylamid/Bisacrylamid und hat eine Dicke von 1 mm, wobei das Trenngel 12% und das Sammelgel 4% Polymer enthält. Die Proteine werden vorher durch das anionische Tensid SDS denaturiert und mit negativer Oberflächenladung versehen. Die Analysenprozedur wurde an den NuPAGE® Technical Guide angepasst. Zuerst wurde die Gelkassette ausgepackt, mit Wasser gespült, der Schutzstreifen entfernt und in das Elektrophorese-System eingesetzt. Das System wurde mit einem Laufpuffer gefüllt. Als Laufpuffer wurde NuPAGE® MES SDS Running Buffer (20X) der Firma Invitrogen verwendet. Hierzu wurden 40 ml NuPAGE® MES SDS mit 760 ml VE-Wasser verdünnt. Danach wurde das Elektrophorese-System mit dem Laufpuffer gefüllt und vorsichtig der Kamm der Gelkassette entfernt.

Parallel dazu wurden die zu analysierenden Proben vorbereitet Hierzu wurden 10 µL der Probe mit 10 µL NuPage Sample Buffer (Invitrogen, NuPage® LDS, Sample Buffer, 4x), vermischt. Der NuPage Sample Buffer wurde vorher 1:4 mit VE-Wasser verdünnt. Danach wurden die Proben bei 70°C für 10 Minuten inkubiert. Nach der Inkubation der Proben wurden diese abgekühlt und je 10 µL Probe in die Taschen des Gels pipettiert. Die folgende Gelelektrophorese wurde bei einer Spannung von 200 V für 35 Minuten durchgeführt. Nach Abschluss der Elektrophorese wurde die Gelkassette geöffnet und das Gel vorsichtig entnommen. Zu dem Gel wurde eine Coomassieblau-Färbelösung (Coomassie R-250 0,1% W/W; Ethanol 40% W/W; Essigsäure 10% W/W und VE-Wasser 49,9% W/W) hinzugegeben und für 15 Minuten in der Mikrowelle bei 80 W gefärbt. Dann wurde die Färbelösung abgelassen und das Gel mit VE Wasser gewaschen. Anschließend wurde dem Gel 150 ml Entfärbelösung (Ethanol 10% W/W; Essigsäure 7,5% W/W und VE-Wasser 82,5%) zugegeben und für 15 Minuten in der Mikrowelle bei 80 W entfärbt. Dieser Vorgang wurde drei Mal wiederholt. Dann wurde das Gel mit VE-Wasser gewaschen und zwischen zwei durchsichtigen Folien eingepackt und mit Hilfe eines Scanners gescannt. Das Bild wurde mit der Software Lumi Analyst 3.1 des Luminescesanalysators (Lumi-Imager F1TM, Boehringer Mannheim) ausgewertet. Die Software ermöglicht eine Bildanalyse, die es erlaubt Bandenintensitäten in so genannten Boehringer Light Units (BLU) zu ermitteln. Durch den Vergleich mit neben der unbekannten Probe, parallel prozessierten Proben bekannten Standard-Konzentrationen des Proteins können eine Kalibrierung und nachfolgend eine Bestimmung der unbekannten Konzentrationen erfolgen.

3.10 Sorptionsuntersuchungen mit Modellproteinen

Zur Charakterisierung der Sorptionseigenschaften der magnetischen Partikeln mit Ionenaustauscher-Funktionalität wurden als Modellproteine Lysozym und Ovalbumin verwendet. Bei der Untersuchung der Sorptionseigenschaften der mit Cibacron Blue funktionalisierten Partikel wurde nur das Enzym Lysozym eingesetzt.

3.10.1 Bestimmung der Sorptionsisothermen

Die Sorptionsisothermen wurden mit einer konstanten Partikelkonzentration von 2 g/l (3 mg Partikel auf 1,5 ml Lösung) und variierender Proteinkonzentration durchgeführt. Die Partikeln wurden erst in Eppendorf-Cups überführt und zweimal mit VE-Wasser sowie einmal mit Bindepuffer gewaschen. Am Ende jedes Wachschrittes wurden mit einem Handmagnet die magnetischen Partikeln abgetrennt und das Waschwasser abseperiert. In die verschiedenen Eppendorf-Cups wurden, je 1,5 ml Proteinlösung einer bekannten Konzentration (z.B. 0; 0,05; 0,1; 0,2; 0,3; 0,4; 0,5; 0,6; 0,7 g/l) zugegeben und für 20 Minuten bei 25°C in einem Thermomixer (Eppendorf, Thermomixer) bei 1000 Upm, bis zur das Gleichgewichtseinstellung geschüttelt.

Anschließend wurden die magnetischen Partikel mit Hilfe des Handmagnetens als Pellet fixiert und der Überstand mit den nicht gebundenen Proteinen abpipetiert. Die verbliebenen Partikel wurden mit Bindepuffer gewaschen und anschließend mit Elutionspuffer die gebundenen Proteine von den magnetischen Partikeln eluiert und ihre Konzentration bestimmt. Ein Schema des Ablaufs der Bestimmung der Sorptionsisothermen ist in Abbildung 3-12 aufgeführt. Die Beladung an Zielprotein auf den Partikeln errechnet sich aus der Massenbilanz (siehe Kapitel 2.13). Die Anpassung der Langmuir-Konstanten der Isothermen an die experimentellen Daten erfolgte mit den Software-Programmen TableCurve 2Dv3 sowie Sigmaplot 8.0 (beide SYSTAT Software Inc.) oder durch eine lineare Regression des Typs „$\frac{c^*}{q^*}$ über c*" (siehe Gl. 2-9 in Kapitel 2.13.1).

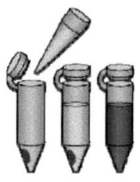

Sorption

In einem 2 ml Cup werden 3 mg magnetische Partikel vorgelegt. Das Enzym bzw. Protein wird im Bindepuffer gelöst und bei verschiedenen Konzentrationen in das Cup mit Partikeln überführt. Dann wird die Suspension für 20 Minuten bei 25°C in einen Thermomixer geschüttelt.

Magnetseparation und Abpipetieren des Überstands

Die magnetischen Partikel werden absepariert und der Überstand abgetrennt. Anschließend wird die Proteinkonzentration im Überstand gemesen, um die Gleichgewichtkonzentration zu bestimmen

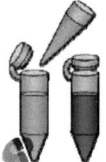

Waschung

Die Partikel werden einmal mit Bindepuffer gewaschen und in einem Thermomixer geschüttelt

Magnetseparation und Abpipetieren des Waschüberstands

Danach werden die magnetischen Partikel separiert und der Waschüberstand analysiert.

Elution

Anschließend wird zu den Partikeln ein Elutionspuffer zugegeben und 10 Minuten bei 25°C in einem Thermomixer gemischt.

Magnetseparation und Abpipetieren des Elutionsüberstands

Schließlich werden die magnetischen Partikel nichmals separiert und der Elutionsüberstand analysiert.

Abbildung 3-12: Schema des Prozessablaufs der durchgeführten Batch-Versuche

3.10.2 Optimierung der Proteinaufreinigung

Untersuchung des Bindepuffers

Als Bindepuffer wurde standardmäßig ein 20 mM Phosphatpuffer verwendet. Der Puffer wurde aus verschiedenen Mischungen von di-Natriumhydrogenphosphat (NaH_2PO_4) und Kaliumdihydrogenphosphat (KH_2PO_4) hergestellt, um bestimmte pH-Werte einzustellen. Die Auswirkung des pH-Werts auf die Sorption von Lysozym an magnetischen Mikrosorbentien wurde bei drei pH-Werten (4, 6 und 8) untersucht. Um einen pH-Wert von vier einzustellen, wurde ein Puffer aus Citronensäure und di-Natriumhydrogenphosphat benutzt. Der Einfluss des pH-Wertes wurde zudem an zwei unterschiedlich funktionalisierten Typen von Magnetpartikeln untersucht. Zum einen an mit Cibacron Blue funktionalisierten Partikeln des Typs P-abd und zum anderen an Partikeln mit kationenaustauschaktiven Gruppen von Typ SACE I (siehe Abschnitt 3.5)

Außerdem wurden die Bindepuffer mit unterschiedlichen Mengen an NaCl (Molaritäten von 0; 0,01 und 0,1 mol/L) versetzt, um den Einfluss der Ionenstärke auf die Bindung zu untersuchen. Für diese Untersuchungen wurden mit Cibacron Blue funktionalisierte Partikel des Typs P-abd verwendet und ebenfalls der Einfluss des pH-Werts (pH: 4, 6, 8) überprüft.

Variation des Elutionspuffers

Das Elutionsverhalten des gebundenen Enzyms (Lysozym) wurde sowohl für die mit Cibacron Blue als auch für die mit Sulfonsäure-Gruppen (Kationenaustauscher) funktionalisierten magnetischen PVAc-Partikeln untersucht. Um bei der Elution die unterschiedlichen, an der Bindung beteiligten, Wechselwirkungen zu beeinflussen, wurden die folgenden in der Literatur beschriebenen Elutionspuffer eingesetzt [100, 101]:

- Kaliumthiocyanat (KSCN) in 20 mM Phosphatpuffer
- Natriumthiocyanat (NaSCN) in 20 mM Phosphatpuffer
- Natriumchlorid (NaCl) in 20 mM Phosphatpuffer
- Kaliumbromid (KBr) in 20 mM Phosphatpuffer mit verschiedenen Volumenanteilen an Isopropanol

Alle vier der genannten Elutionspuffer wirken zunächst durch eine Erhöhung der Ionenstärke den elektrostatischen Wechselwirkungen zwischen den funktionellen Gruppen und den Biomolekülen entgegen. Zudem besitzen sie durch die Verwendung von Thiocyanat bzw. Isopropanol zusätzlich eine abschwächende Wirkung auf hydrophobe Wechselwirkungen, wobei dieser Effekt im Falle der Verwendung von Isopropanol sicherlich am deutlichsten ausgeprägt ist.

Für die Untersuchungen der Elutionspuffer mit Kaliumthiocyanat, Natriumthiocyanat und Natriumchlorid wurden die pH-Werte (pH: 4; 6; 8) variiert. Die Zugabe von Isopropanol wurde bei unterschiedlichen Konzentrationen (10% (v/v), 15% (v/v) und 20% (v/v)) bei einen konstanten pH-Wert von 4 erprobt. Bei allen Elutionspuffern wurde eine Ionenstärke von 1 mol/L gewählt.

Bei der Durchführung der Versuche wurden zunächst die Partikeln nach der in Absatz 3.10.1 beschriebenen Methode bis zur Sättigung beladen. Als Bindepuffer für die Untersuchungen wurde ein 20 mM Phosphatpuffer bei einem pH-Wert von 8 verwendet. Dann wurde zu den 3 mg beladenen Partikel 1,5 ml Elutionspuffer zugegeben und 10 Minuten in einem Thermomixer bei 25°C und 1000 Upm gemixt. Mit Hilfe eines Handmagnetens wurden die Partikel separiert und die Elutionsüberstände abpipettiert. Dieser Elutionsschritt wurde zweimal durchgeführt. Untersucht wurden die magnetischen Partikeln des Typs SACE I und P-abd.

Wiederverwendung der Partikel

Im Gegensatz zu der einmaligen Verwendung bei analytischen Anwendungen im Labormaßstab sollen magnetische Mikrosorbentien im Falle der Bioproduktaufreinigung mehrfach eingesetzt werden. Aus diesem Grund wurde die Soprtionsleistung der Partikeln in Laborversuchen über mehrere Zyklen getestet, wobei zwischen der Elution und der erneuten Proteinbeladung zwei Waschungen mit VE-Wasser erfolgten, um die salz- und pufferhaltige Lösung im Zwischenvolumen der Partikel zu entfernen oder weitestgehend zu verdünnen.

Die Überprüfung der wiederholten Sorptionsleistung der magnetischen Partikel SACE I erfolgte dabei nach der in Absatz 3.10.1 beschriebenen Prozedur. Als Bindepuffer für die Untersuchungen wurde ein 20 mM Phosphatpuffer bei einem pH-Wert von 8 verwendet. Die Partikel wurden für 20 Minuten mit 1,5 ml einer 0,7 g/l Lysozymlösung (in Bindepuffer) geschüttelt, bis sich das Sorptionsgleichgewicht eingestellt hatte. Anschließend wurden die Partikel über zehn Minuten mit 1,5 ml eines 20 mM Phosphatpuffers mit 1 M KSCN bei einem pH-Wert von 4 geschüttelt. Die zweite Elution wurde mit 20%iger Isopropanollösung in Phosphatpuffer mit einem pH-Wert von 4 mit 1 M KBr durchgeführt. Dann wurden die Partikel zweimal mit VE-Wasser gewaschen, um den pH-Wert zu neutralisieren und das restliche Salz zu entfernen. Dieser Vorgang aus Beladung und Elution wurde insgesamt 10-mal durchgeführt.

3.10.3 Untersuchung der Konkurrenzsorption

Neben der Bestimmung der Einzelstoffisothermen von Lysozym und Ovalbumin wurden auch Konkurrenzsorptionsuntersuchungen unter Einsatz beider Proteine durchgeführt. Bei diesen Laborversuchen wurde die Lysozymkonzentration konstant gehalten und die Ovalbuminkonzentration variiert, um Lysozym zu Ovalbumin Verhältnisse von 1:1 und 1:15 zu erhalten. Ein Verhältnis von 1:15 entspricht hierbei in etwa dem realen Verhältnis der beiden

Biomoleküle in Hühnereiweiß (siehe Absatz 3.8.3). Bei diesen Versuchen wurde die Startkonzentration des Gemisches konstant gehalten, aber das L/m-Verhältnis durch steigende Partikelkonzentrationen (0,2; 0,5; 1; 1,25; 1,5; 2; 3 und 4 g/l Partikeln) bei gleichem Volumen variiert. Die gewünschten Konzentrationen beider Biomoleküle wurden in einem 20 mM Phosphatpuffer bei einem pH-Wert von 8 eingestellt. Danach wurde je 1 ml der Proteinmischung in ein Eppendorf-Cup pipetiert, in dem die für die gewünschte Partikelkonzentration benötigte Partikelmenge vorgelegt war. Dann wurde für 20 Minuten bei Raumtemperatur in einem Thermomixer geschüttelt. Die Bestimmung der Proteinkonzentrationen in den Überständen erfolgte mittels Gelelektrophorese (SDS-Page) (siehe Absatz 3.9.3). Hierbei wurde von beiden Proteinen im selben Gel eine Kalibrierungsgerade mit bekannten Konzentrationen (jeweils zwischen 0,025 g/l und 0,3 g/l) erstellt. Bei dem Versuch mit einem Proteinverhältnis von 1:1 wurden die Proben ohne jegliche Verdünnung auf das Gel aufgetragen, da das Signal der Proteine im Kalibrierungsbereich lag. Um die Konzentrationen an Ovalbumin bei einem Proteinverhältnis von 1:15 zu bestimmen, wurde die Probe für die Ovalbuminmessung im Verhältnis 1:20 verdünnt. Untersucht wurden die magnetischen Partikeln des Typs SACE I und WACE I.

3.10.4 Aufreinigung von Lysozym aus Hühnereiweiß

Zur Charakterisierung der direkten Aufreinigung von Lysozym aus Hühnereiweiß unter Verwendung magnetischer Mikrosorbentien wurden Sorptionsisothermen entsprechend der in Absatz 3.10.1 beschriebenen Prozedur erstellt.

Zu einer Reihe von Eppendorf-Cups wurden magnetische Mikrosorbentien mit einer steigenden Partikelkonzentration (0, 2; 0,5; 1; 1,25; 1,5; 2; 3 und 4 g/l Partikeln) zugeben und mit VE-Wasser gewaschen, magnetisch separiert und die Waschüberstände abgetrennt. Dann wurde jeweils 1 ml vorbehandeltes Hühnereiweiß (siehe Absatz 3.8.3) hinzugegeben. Die Startkonzentration des Gemisches (Hühnereiweißlösung) wurde konstant gehalten. Wie bei den Konkurrenzversuchen wurde bei den Sorptionsisothermen mit Hühnereiweißlösung das L/m-Verhältnis durch steigende Partikelkonzentration variiert. Die Eppendorf-Cups wurden über 20 Minuten bei Raumtemperatur geschüttelt. Nach der Einstellung des Adsorptionsgleichgewichtes wird der Überstand nach der Magnetseparation abpipettiert. Dieser Überstand besitzt einen hohen Proteingehalt und wurde deshalb für die Gelelektrophorese mit VE-Wasser verdünnt. Bevor der Elutionsschritt durchgeführt wurde, wurden die Partikel jeweils mit 1 ml VE-Wasser gewaschen. Hinterher wurden zwei Elutionsschritte, einmal mit 1 ml 1 M KSCN in Phosphatpuffer (20 mM, pH 4) und einmal mit 1 ml 1M KBr, 20%iger Isopropanollösung in Phosphatpufferlösung (20 mM, pH 4), durchgeführt. Beide Elutionsschritte wurden bei Raumtemperatur durchgeführt, die Dauer betrug 10 Minuten.

Die Gesamtkonzentration an Protein in den Hühnereiweißlösungen wurde bei 280 nm photometrisch oder durch BCA-Test gemessen (siehe Absatz 3.9.2). Die Lysozym-Konzentration im Überstand sowie die Startkonzentration von Lysozym im Hühnereiweiß wurden mittels SDS-PAGE bestimmt. Bei der Aufreinigung von Lysozym aus Hühnereiweißlösungen wurden magnetische Partikel des Typs WACE verwendet.

3.10.5 Proteinaufreinigung in der Drucknutsche

In Zusammenarbeit mit dem Institut für Mechanische Verfahrenstechnik und Mechanik der Universität Karlsruhe (MVM) wurde die Sorption des Modellenzyms Lysozym sowie die Aufreinigung von Lysozym aus verdünnter Hühnereiweißlösung mittels magnetischer Mikrosorbentien in einer gerührten, magnetfeldüberlagerten Drucknutsche durchgeführt.

Bei der verwendeten magnetfeldüberlagerten Drucknutsche handelt es sich um eine werkstofftechnisch modifizierte, aber ansonsten handelsübliche gerührte Drucknutsche zur Waschung und vollständigen Abtrennung magnetischer Mikrosorbentien aus Suspensionen. Diese am MVM entwickelte und aufgebaute Versuchsapparatur ermöglicht es alle notwendigen Versuchsschritte (Mischung, Adsorption, Separation, Waschung, Elution und erneute Abtrennung) in einem einzigen Verfahrensraum, mit oder ohne Magnetfeldüberlagerung, durchzuführen. Die verwendete Drucknutsche hatte ein maximales Arbeitsvolumen von 1,2 L, dem ein Magnetfeld bis zu 0,45 Tesla überlagert werden konnte (siehe Abbildung 3-13). Eine genauere Beschreibung des Aufbaus und der Funktion der Drucknutsche finden sich in der Literatur [86].

Entsprechend dem Vorgehen bei den Laboruntersuchen wurde zunächst die Einstoffsorption von Lysozym untersucht. Hierzu wurden in der Drucknutsche die für den Labormaßstab beschriebenen Sorptions- und Aufreinigungsversuche in einem größeren Maßstab durchgeführt.

Zu Vorbereitung des Versuche wurde eine Suspension von 5 g magnetischer Mikrosorbentien in 500 ml Bindepuffer (20 mM Phosphatpuffer, pH 8) in die Drucknutsche eingebracht. Dann wurde ein Magnetfeld angelegt und die Partikel nach 1 min mit einer Druckdifferenz von 0,8 bar abfiltriert. Anschließend wurden 250 ml der Proteinlösung (Lysozym-Konzentration 2 g/l in Bindepuffer) hinzugegeben und 20 Minuten bei ausgeschalten Magnetfeld gerührt. Während dieser Zeit findet die Sorption von Lysozym an die magnetischen Mikrosorbentien statt. Dann wurde der Rührer ausgeschaltet, das Magnetfeld eingeschaltet und eine neue Magnetseparation durchgeführt. Aus dem Sorptionsfiltrat wurden Proben genommen und der Proteingehalt. Anschließend wurden 250 ml Elutionspuffer (1M KSCN in 20 mM Phosphatpuffer, pH 4) zugegeben und 10 min lang bei ausgeschaltem Magnetfeld gerührt. Nach einer erneuten Magnetseparation wurde aus dem Eluat eine Probe gezogen und die Proteinkonzentration bestimmt. Insgesamt wurden zwei Elutionsschritte durchgeführt. Abschließend wurden die Partikel gewaschen und die Partikel für einen neuen Aufreinigungszyklus verwendet. Ein der Flussdiagramm des Prozessablauf ist in Abbildung 3-14 dargestellt.

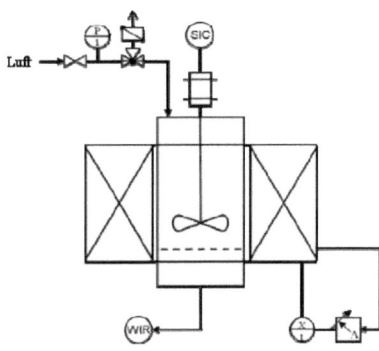

Abbildung 3-13: Foto der magnetfeldüberlagerten gerührten Drucknutsche und RI-Fließbild des Versuchsaufbaus

In der gerührten Drucknutsche wurden keine Sorptionsisothermen aufgenommen, sondern lediglich ein Betriebspunkt ausgewählt, an dem die magnetischen Mikrosorbentien theoretisch komplett mit Lysozym beladen sind. Nach der Bestimmung des Proteingehalts im Sorptionsfiltrat, Eluat sowie der Ausgangslösung ergab sich die Beladung an Zielprotein aus der Massenbilanz bei dem gewählten Betriebspunkt (siehe Kapitel 2.13). Für die Untersuchungen wurden magnetische Partikel der Typen P-abd und SACE I verwendet.

Nach den Versuchen zur Einzelstoffsorption wurde schließlich auch in der magnetfeldüberlagerten Drucknutsche die Aufreinigung von Proteinen aus Biorohsuspensionen mittels magnetischer Mikrosorbentien demonstriert. Hierzu wurde das Hühnereiweiß entsprechend den Laboruntersuchungen vorbereitet (siehe Absatz 3.8.3). Für die Untersuchung wurde das Hühnereiweiß 1 zu 10 mit VE-Wasser verdünnt.

Bei dem Versuch wurden 5 g PVAc-Partikeln des Typs SACE I verwendet. Diese wurden in die Drucknutsche überführt, mit VE-Wasser gewaschen und nach Einschalten des Magnetfeldes abfiltriert. Zu den Partikeln wurden 250 ml der verdünnten Hühnereiweißlösung gegeben und die

Suspension 20 min bis zur Einstellung des Sorptionsgleichgewichts gerührt. Danach wurde das Magnetfeld eingeschaltet und die Filtration analog zu den Versuchen mit reinen Lysozymlösungen durchgeführt. Nach einem zusätzlichen Waschschritt mit 250 ml VE-Wasser wurden zwei Elutionsschritte mit einer Dauer von jeweils 10 min durchgeführt. Als Elutionspuffer wurde im ersten Schritt 250 ml 1M KSCN in 20mM Phosphatpuffer (pH 4) und im zweiten Schritt 1M KBr in 20 mM Phosphatpuffer – 20% Isopropanol (pH 4) zu den Partikeln hinzugegeben. Nach jedem Schritt wurden Proben genommen und mittels SDS-Page Gel-Elektrophorese der Proteingehalt bestimmt. Die Gesamtproteinkonzentration wurde mittels BCA-Test analysiert, wobei für die Kalibriergerade bekannte Ovalbuminkonzentrationen verwendet wurden.

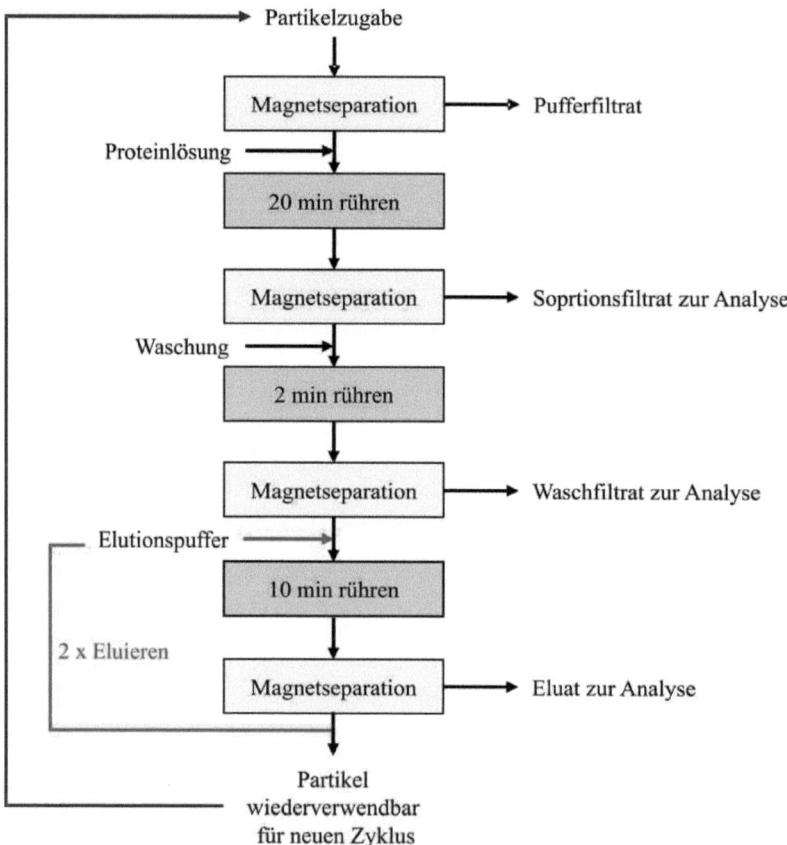

Abbildung 3-14: Flussdiagramm des Prozessablaufs der Versuche zur Proteinaufreinigung unter Einsatz einer magnetüberlagerten gerührten Drucknutsche

4 Ergebnisse und Diskussion

Die Entwicklung eines technischen Verfahrens zur Aufreinigung von Proteinen aus einer Biorohsuspension mittels Magnetpartikeln und Magnetfiltern bedarf der Betrachtung u.a. folgender Aspekte: (i) Synthese geeigneter magnetischer Mikrosorbentien (ii) Funktionalisierung der Partikel mit Liganden bzw. funktionellen Gruppen, (ii) Festlegung der Sorptions-, Wasch- und Elutionsstrategie im Labormaßstab, (iii) Übertragung und Anpassung der gewonnenen Eckdaten auf den technischen Maßstab (Scale-up). In dieser Arbeit wird eine entsprechende Prozessentwicklung für das gewählte Modellsystem Lysozym/Ovalbumin unter Berücksichtigung der erwähnten Teilaspekte aufgezeigt und abschließend die Enzymaufreinigung schließlich aus einer Biorohsuspension (Hühnereiweiß) in einer Pilotanlage demonstriert („proof of principle").

4.1 Magnetische Mikro und Nanosorbentien

4.1.1 Optimierung des Magnetitgels

Wie in Kapitel 3.3.1.1 beschrieben, steht am Beginn der Synthese magnetischer Mikro-Polymerpartikel die Herstellung eines Magnetitgels, dessen Bestandteile während der späteren Polymerisationsreaktionen in die Matrix des Polymers eingeschlossen werden und somit dem Mikropartikel seine magnetischen Eigenschaften verleihen. Das Magnetitgel besteht aus magnetischen Nanopartikeln mit einer Ölsäurebeschichtung. Mit Hilfe des Verfahrens des experimentellen Designs wurde versucht ein Magnetitgel mit optimalen Eigenschaften für den Einschluss in Mikropolymerpartikel zu entwickeln. Hierzu wurden unter Variation der eingesetzten Ammoniak- und Ölsäuremenge zunächst fünf Ansätze entsprechend der in Tabelle 3-1 vorgestellten Versuchsmatrix durchgeführt. Die eingesetzten Eisensalzmengen waren dabei konstant und resultierten in einer theoretischen Magnetitausbeute von 20g. Die Auswertung der Ansätze erfolgte nicht direkt durch unmittelbare Messungen an den erhaltenen Magnetitgelen, sondern indirekt durch Bestimmung der wichtigsten Parameter der unter Einsatz des jeweiligen Magnetitgels synthetisierten Mikrosorbentien. Grund für dieses Vorgehen ist die Tatsache, dass die Eignung des Gels für die Synthese nicht an einfachen Parametern festgemacht werden kann, sondern dass sich die Eignung erst aus dem tatsächlichen Experiment ergibt. Die Synthese der Mikrosorbentien erfolgte dabei für alle Magnetitgele nach der in Kapitel 3.3.1.2 beschriebenen Standardprozedur für PVAc-Partikel. Tabelle 4-1 fasst die für die Magnetitgel-Ansätze der Versuchsmatrix erhaltenen Parameter Sättigungsmagnetisierung und Partikelausbeute der resultierenden PVAc-Partikel zusammen.

Tabelle 4-1: Versuchsmatrix der Magnetitgelsynthese und wichtigste Parameter der unter Verwendung des Gels resultierenden PVAc-Partikel. Theoretische Magnetitausbeute 20g

		Syntheseparameter		Zielgrössen	
	Experiment	Ölsäure ml	Ammoniak ml	Sättigungsmagnetisierung Am^2/kg	Partikelausbeute g
Standardversuch	SP-53	30	56	22,6	19,1
	SP-54	30	56	22,7	20,0
	SP-55	25	54	22,3	20,4
	SP-56	25	58	20,6	10,9
	SP-57	35	54	20,0	16,4
	SP-58	35	58	21,1	19,8

Tabelle 4-1 macht deutlich, dass bereits kleine Veränderungen der Ammoniak- und Ölsäuremenge die Qualität und insbesondere die Menge der resultierenden magnetischen PVAc-Partikel stark beeinflussen. Die erhaltenen Partikelausbeuten schwanken zwischen 10,9 g und 20,4 g bei den Experimenten SP-56 bzw. SP-55. Die Sättigungsmagnetisierung zeigt dagegen kleinere Schwankungen, die bei ca. 3 Am^2/kg liegen, wobei das erreichte Maximum 22,6 Am^2/kg beträgt (SP-53).

Zur rechnerischen Ermittlung des Gesamtoptimums wurden beide Ergebnisse (Partikelausbeute und Sättigungsmagnetisierung) gleich gewichtet und als Wünschbarkeitsfunktion bzw. „Desirability" [102] zusammengefasst. Näheres zum Vorgehen bei der Versuchsplanung mittels Experimental Design und zur Definition der Wünschbarkeitsfunktion findet sich dabei in Anhang 7. Die Berechnung der Wünschbarkeitsfunktion wurde mittels des Programms „Statgraphics" Plus 4.0 (Statistical Graphics Corp.) durchgeführt. In Abbildung 4-1 ist die Analyse graphisch dargestellt. Wie zu erkennen, konnten unter Verwendung des bei einem Ammoniakvolumen von 54 ml und einem Ölsäurevolumen von 25 ml (Exp. SP-55) resultierenden Magnetitgels magnetische PVAc-Partikel mit den insgesamt besten Eigenschaften erzielt werden. Die Sättigungsmagnetisierung dieser Partikelcharge betrug 22,3 Am^2/kg bei einer Ausbeute von 20,4 g. Da das ermittelte Optimum am Rand der gewählten Versuchsmatrix liegt, war die Wahl des Wertebereichs der Versuchsmatrix nicht ausreichend und es ist davon auszugehen, dass durch eine weitere Reduktion der Ölsäure- und Ammoniakmengen noch eine Verbesserung erzielt werden kann. Diese Hypothese wurde zu einem späteren Zeitpunkt überprüft (siehe Kapitel 4.1.3).

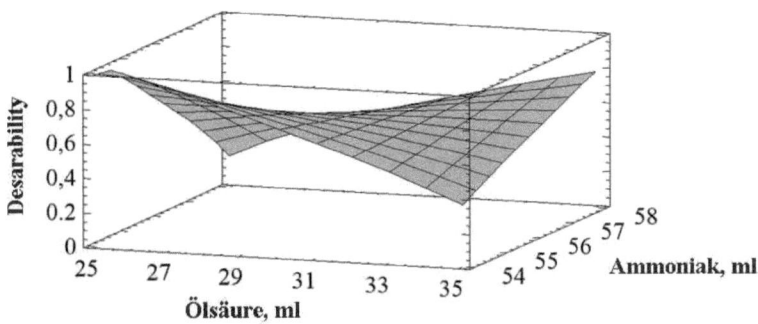

Abbildung 4-1: Graphische Darstellung der Optimierung der Syntheseparameter bei der Magnetitgelsynthese durch eine Analyse der „Estimated Response Surface" mittels experimentellem Design

Der starke Einfluss der Parameter „eingesetzte Ammoniak- und Ölsäuremenge" auf die Eigenschaften des Magnetitgels macht sich auch deutlich in der Konsistenz der Gele bemerkbar. Abbildung 4-2 zeigt exemplarisch Fotos von drei Gelen sowie die zugehörigen Versuchsbedingungen. Experiment (SP-55) mit 54 ml NH_3 und 25 ml Ölsäure führt zu einem sehr festen Gel, eine Steigerung der Ammoniakzugabe auf 58 ml (SP-56) führt bei gleicher Ölsäuremenge zu einer fließfähigen Konsistenz und 54 ml NH_3 und 35 ml Ölsäure (SP-57) ergeben ein pastöses Gel.

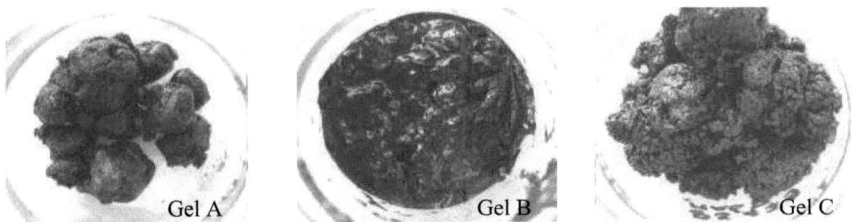

Gel A	Gel B	Gel C
NH_3 54 ml, Ölsäure 25 ml (SP-55)	NH_3 58 ml, Ölsäure 25 ml (SP-56)	NH_3 54 ml, Ölsäure 35 ml (SP-57)

Abbildung 4-2: Darstellung der Konsistenz der Magnetitgele bei Variation der Volumina von NH_3 und Ölsäure in der Gelsynthese

Im Folgenden werden die Ursachen für die stark variable Konsistenz und Einschlusseigenschaft der Magnetitgele diskutiert.

Bei den synthetisierten Magnetitgelen handelt es sich um mit Ölsäure beschichtete Magnetit-Nanopartikel. Für eine Anbindung der Ölsäure an die Eisenoxidoberfläche muss die Ölsäure zunächst deprotoniert werden, um sich anschließend über elektrostatische Wechselwirkungen bzw. echte Chemiesorptionsreaktionen [103] anzulagern. Aufgrund der Affinität zwischen der Carboxylsäuregruppe der Ölsäure und den Hydroxylgruppen an der Oberfläche des Eisenoxids kommt es zu einer gerichteten Anbindung, wobei der hydrophobe Teil der Ölsäure in die Lösung ragt. Wird die Ölsäure in Bezug auf die kumulierte Oberfläche der Nanopartikel im Überschuss zugegeben, können sich durch Mehrschichtadsorption auch mehrere Schichten der Tensidmoleküle ausbilden [103]. Abbildung 4-3 zeigt eine idealisierte Darstellung eines Magnetit-Nanopartikels mit einer Doppelschicht an Ölsäure. Im Falle einer vollständigen Ausbildung der Doppelschicht und einer vollständigen Deprotonierung der Ölsäuremoleküle kommt es zu einer elektrostatischen Stabilisierung der Nanopartikelsuspension. Reicht die Ölsäuremenge dagegen nicht für die Ausbildung einer Doppelschicht oder ist die eingesetzte Ammoniakmenge zu gering für eine vollständige Deprotonierung der Ölsäure wird die Suspension instabil und die Nanopartikel verbinden sich aufgrund hydrophober Wechselwirkungskräfte zu Aggregaten, die wachsen und nach einer bestimmten Zeit sedimentieren.

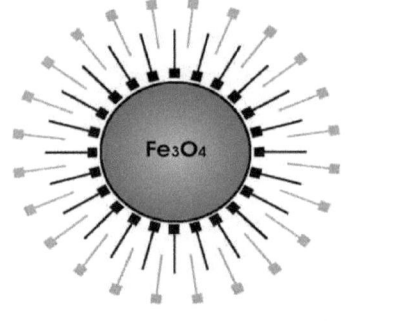

Abbildung 4-3: Modellstruktur eines magnetischen Nanopartikels, der von einer Ölsäuredoppelschicht umgeben ist

Im Falle der Synthese magnetischer PVAc-Partikel ist eine vollständige Überführung der Magnetit-Nanopartikel in die organische Phase anzustreben. Als Idealfall ist hierfür eine vollständig deprotonierte, orientierte Monolage an Ölsäure auf der Magnetitoberfläche anzustreben, wobei vor dem Erreichen dieser idealen Monolage in Realität mit einer lokal beginnenden Mehrschichtadsorption zu rechnen ist. Gel A in Abbildung 4-2 scheint mit seiner festen Konsistenz von den angesetzten Gelen dem Idealfall am nächsten zu kommen. Sind auch die Ölsäuremoleküle der zweiten Schicht deprotoniert (Überschuss an NH_3) kommt es zu einer verstärkten Einlagerung von Wasser und das entstehende Gel wird schlammig (Gel B). Eine große Menge an Ölsäure und Ammoniak führt schließlich zur Mehrschichtadsorption und damit einem unnötig hohen

Tensidanteil, der dem Gel eine pastöse Konsistenz verleiht (Gel C).

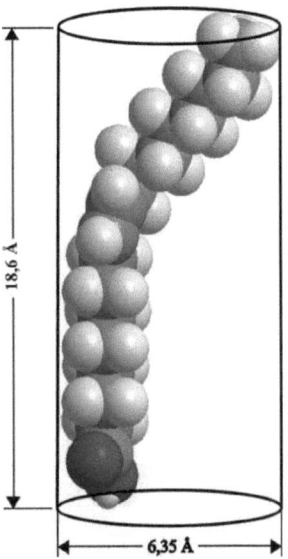

Abbildung 4-4: Modell von einem Ölsäuremolekül berechnet mit Chemdraw (CambridgeSoft Corporation, Cambridge, USA)

Die theoretisch notwendige Ölsäuremenge für eine Monolage kann mittels der spezifischen Oberfläche der Magnetit-Nanopartikel und der Projektionsfläche der Ölsäure-Moleküle berechnet werden. Für diese Berechnung wurde von einer kompletten Oberflächenbedeckung sowie einer Anordnung als dichteste Kugelpackung (Faktor 0,74) ausgegangen. Abbildung 4-4 zeigt eine mittels der Software Chemdraw (CambridgeSoft Corporation, Cambridge, USA) berechnete Ölsaure 3D-Struktur. Für die Berechnung des Durchmessers bzw. der Länge des Moleküls wurden unter Verwendung der Daten von Abrahamsson [104] Werte von 6,35 Å bzw. 18,6 Å ermittelt. Die Ölsäure-Moleküle wurden durch einen Zylinder mit der Grundfläche:

$$A = \frac{\pi \cdot (d_{Ölsäure})^2}{4} = 31,7 Å^2 \quad (oder\ 31,7 * 10^{-20} m^2) \qquad \text{Gl. 4-1}$$

Anderseits besitzen die synthetisierten Magnetit-Nanopartikel eine spezifische Oberfläche von ca. 92 m^2/g. Damit lässt sich die Menge von Ölsäure pro Gramm Partikel für eine Monolage wie folgt berechnen:

$$A = \frac{A_{Mag.Nanopartikel}}{A_{Ölsäure} \cdot N_A} \cdot 0{,}74 = 356 \ \mu mol/g$$

Gl. 4-2

A: Fläche; N_A: Avogadrozahl $(6{,}023 \cdot 10^{+23} 1/mol)$

Das entsprechende Ölsäure-Volumen kann mit Hilfe der Dichte (0,89 g/ml) und der Molmasse (284,47 g/mol) errechnet werden. Nach dieser Rechnung sind theoretisch zum Erreichen einer Monolage für 1 g Magnetit-Nanopartikel ca. 0,114 ml Ölsäure notwendig. Für 20 g Magnetit errechnen sich somit theoretisch 2,3 ml Ölsäure für eine Monolage bzw. 4,6 ml für eine Doppelschicht. Nach dieser theoretischen Rechnung ist die in der Magnetitgelsynthese verwendete Ölsäure-Menge somit stark im Überschuss und es sollte eine deutliche Reduzierung möglich sein. Neben der Absolutmenge an Ölsäure ist insbesondere aber auch das Mengenverhältnis von Ammoniak und Ölsäure für die Eigenschaften des Magnetitgels von entscheidender Bedeutung.

Wie in Kapitel 3.3.1.1 dargestellt, wird Ammoniak zum einen für die Fällungsreaktion des Magnetits und zum anderen zur Deprotonierung der Ölsäure benötigt. Unter den gewählten Bedingungen beträgt die für die Fällungsreaktion von 20 g Magnetit verbrauchte Ammoniak-Menge 0,692 mol bzw. 51,8 ml 25%ige (w/w) Ammoniaklösung. Unter der vereinfachten Annahme, dass von den darüber hinaus im Überschuss zugegebenen Ammoniakmolekülen jedes genau ein Ölsäuremolekül deprotoniert, wird über Gl. 4-3 für die in Abbildung 4-2 dargestellten Gele der Anteil der deprotonierten Ölsäuremoleküle abgeschätzt. Die im Überschuss eingesetzte Ammoniakmenge berechnet sich dabei nach:

$$n_{NH_3,Überschuss} = n_{NH_3,eingesetzt} - n_{NH_3,Fällung}$$

Gl. 4-3

Um den Ölsäureanteil zu bestimmen, der durch diesen Überschuss an Ammoniak deprotoniert wird, muss zudem die Stoffmenge der eingesetzten Ölsäure berechnet werden.

$$n_{Ölsäure} = \frac{\rho_{Ölsäure} \cdot V_{Ölsäure}}{\widetilde{M}_{Ölsäure}}$$

Gl. 4-4

Der deprotonierte Ölsäureanteil wurde aus dem Verhältnis der im Überschuss vorhandenen Molmenge an Ammoniak und der eingesetzten Molmenge an Ölsäure berechnet.

Im ersten Fall (Gel A) beträgt der deprotonierte Ölsäureanteil ca. 38%. Da sich die deprotonierten Ölsäuremoleküle zudem stark bevorzugt in der ersten, an die Oxidoberfläche angrenzenden, Schicht befinden, ist folglich die äußere Ölsäureschicht größtenteils protoniert und es resultiert ein festes kompaktes Gel. Im zweiten Fall (Gel B) liegt die komplette Ölsäureschicht deprotoniert vor, wobei es aufgrund der Ölsäuremenge zu einer Mehrschichtadsorption kommt. Die Nanopartikel sind somit nach außen hin polar und es kommt zur Wassereinlagerung wodurch sich die fließfähige Konsistenz begründet. Im dritten Fall sind nur ca. 27% der Ölsäuremoleküle deprotoniert, die große Menge an eingesetzter Ölsäure pro Magnetit-Nanopartikel führt aber zu einer pastösen Konsistenz des Magnetitgels.

Tabelle 4-2: Eingesetzte Molmengen an Ammoniak und Ölsäure sowie Berechnung des Anteils deprotonierter Ölsäuremoleküle nach Abschluss der Fällungsreaktion

	Ammoniak		NH$_3$,Überschuss	Ölsäure		Deprotonierter Ölsäureanteil
	ml	mol	mol	ml	mol	%
Gel A	54	0,721	0,030	25	0,079	38,1
Gel B	58	0,775	0,083	25	0,079	100
Gel C	54	0,721	0,030	35	0,110	27,3

Wie die Diskussion zeigt, erlaubt bereits die Konsistenz des Magnetitgels wichtige Rückschlüsse auf die zu erwartenden Einschlusseigenschaften und die erreichbaren Sättigungsmagnetisierungen späterer Mikropolymerpartikel. Für die Polymerisation wurde immer eine definierte Menge an Magnetitgel in Hexan gelöst. Je geringer die Wassereinlagerungen sowie der Ölsäureanteil des Magnetitgels sind, desto höher ist der Magnetitanteil pro Gramm Magnetitgels. Der Magnetitanteil des Gels korreliert dabei mit dem erreichbaren Magnetitanteil in den zu polymerisierenden Monomertropfen und somit letztendlich mit der Sättigungsmagnetisierung der resultierenden Partikel. Ebenso wie aufgrund der durch „experimental design" berechneten Wünschbarkeitsfunktion, ergeben sich auch aus den theoretischen Berechnungen klare Anhaltspunkte, dass sich eine weitere Reduktion der eingesetzten Ölsäuremenge vorteilhaft auf die Eigenschaften des Magnetitgels auswirken könnte. Die Überprüfung dieser Hypothese wurde aber zu diesem Zeitpunkt nicht unmittelbar weiter verfolgt, da eine abschließende Optimierung nur unter Einbeziehung des gesamten Syntheseprozesses sinnvoll ist. Vor weiteren Ansätzen zur Optimierung des Magnetitgels musste daher geklärt werden, ob eine Variation der für die Partikelsynthese durch Suspensionspolymerisation eingesetzten Parameter eine Verbesserung der Partikeleigenschaften erlaubt. Eine Änderung der Parameter der Suspensionspolymerisation hat sicherlich auch Rückwirkungen auf das letztendliche Optimum des als Einschlussmaterial benötigten Gels. Eine Optimierung des Gesamtprozesses ist daher streng genommen nur iterativ durch schrittweise Verbesserung sowohl der Magnetitgelsynthese als auch der Polymerisationsreaktion möglich. Im Folgenden stehen daher zunächst die Ergebnisse und Diskussion einer ersten Optimierung der Suspensionspolymerisation.

4.1.2 Optimierung der Suspensionspolymerisation

Der zweite Teilschritt der Partikelsynthese ist die Polymerisation. Die magnetischen Polymerpartikel werden durch radikalische Polymerisation in einer Suspensions- oder Miniemulsionspolymerisation (siehe Absatz 4.1.4) hergestellt. Als wichtigste Syntheseparameter wurden hierbei in Übereinstimmung mit Ma [3] neben dem Magnetitgel zu Monomer Massenverhältnis, die Rührgeschwindigkeit und die Mischzeit variiert. Die Mischzeit gibt dabei die Dauer an, während der die organische und die wässrige Phase ohne Zugabe des Initiators gerührt werden. Zur Charakterisierung bzw. Beurteilung der in den Experimenten erhaltenen Partikelchargen wurden die Sättigungsmagnetisierung, die Partikelmenge und der Partikeldurchmesser untersucht. Hierbei wurde eine Maximierung der Sättigungsmagnetisierung und der Partikelausbeute angestrebt sowie eine Minimierung des Partikeldurchmessers. Kleinere Partikeln besitzen eine größere spezifische Oberfläche und können folglich pro Gramm Partikeln mehr Biomoleküle adsorbieren als Partikeln mit einem größeren Durchmesser.

Wie im Falle des Magnetitgels wurde für die Polymerisationsreaktion mittels des Verfahrens des experimentellen Designs ein Optimum gesucht. Als Magnetitgel wurde in allen Ansätzen der Versuchsmatrix die in Kapitel 4.1.1 als optimal bestimmte Synthese mit 54 ml Ammoniak, 25 ml Ölsäure und einer theoretischen Magnetitausbeute von 20g eingesetzt. Für die Polymerisationsversuchsreihe wurden mehrere der entsprechenden Gele hergestellt und vereinigt. Hierdurch wurde für jeden einzelnen Polymerisationsversuch ein identisches Magnetitgels verwendet.

In Tabelle 4-3 sind die für das Experimental Design durchmusterte Versuchsmatrix der Polymerisationsreaktionen sowie die resultierenden Ergebnisse für die Zielgrössen Sättigungsmagnetisierung, Partikelausbeute und mittlerer Durchmesser ($X_{50,2}$) zusammengefasst.

Ein erstes Resumée der in Tabelle 4-3 angeführten Ergebnisse zeigt, dass wie erwartet die eingesetzte Menge an Magnetitgel einen direkten Einfluss auf die magnetischen Eigenschaften der Partikel besitzt, wobei die gemessenen Sättigungsmagnetisierungen sich zwischen 18,6 Am^2/kg (Einsatz von 20 g Magnetitgel) und 25,3 Am^2/kg (Einsatz von 30 g Magnetitgel) bewegen. Bei den Partikelausbeuten variieren die Werte zwischen 14,5 und 21,5 g, wobei auch der letztgenannte Wert in Anbetracht einer theoretischen Ausbeute von ca. 120 g erstaunlich gering ist. Grund ist einerseits ein Verlust von schwach magnetischen Polymerpartikeln im Verlauf der Waschschritte und andersseits ein Verbleib einer Teils des Magnetitgels im Reaktor. Die gemessenen mittleren Partikeldurchmesser variieren zwischen 3,2 bis 6,6 µm, wobei im Falle einer Rührerdrehzahl von 700 Upm größerer Schwankungen auftreten, wogegen eine Rührerdrehzahl von 1050 Upm konstant mittlere Partikeldurchmesser zwischen 3 und 4 µm liefert. Die nach einer ersten Durchsicht beste

Partikelcharge resultiert aus einer Rührgeschwindigkeit von 1050 Upm, einer Magnetitgelmenge von 30 g und einer Mischzeit von 90 min (Experiment SP-69).

Tabelle 4-3: Versuchsmatrix der Partikelsynthese durch Suspensionspolymerisation sowie Sättigungsmagnetisierung, Partikelausbeute und mittlerer Durchmesser der resultierenden Partikelchargen

		Syntheseparameter			Zielgrösse		
	Exp.	Drehzahl	Magnetit-gelmenge	Mischzeit	Sättigungsmag-netisierung	Partikel-ausbeute	Mittlerer Durchmesser
		Upm	g	min	Am^2/kg	g	µm
Standard	SP-59	875	25	45	22,4	20,0	3,4
	SP-60	875	25	45	22,5	19,6	3,3
	SP-61	875	25	45	21,9	19,5	3,8
	SP-65	700	20	90	19,3	14,8	6,6
	SP-67	700	20	0	18,6	17,7	6,0
	SP-62	700	30	0	24,5	16,5	4,1
	SP-66	700	30	90	25,2	17,9	3,5
	SP-64	1050	20	90	21,2	15,9	3,5
	SP-68	1050	20	0	20,7	15,6	3,4
	SP-63	1050	30	0	23,3	21,1	3,8
	SP-69	1050	30	90	23,2	22,1	3,2

Neben ihrem Einfluss auf die in Tabelle 4-3 angeführten Parameter zeigt die Variation der Syntheseparameter einen deutlichen Einfluss auf die Partikelmorphologie. Die Morphologie ist dabei für die spätere Funktionalisierung und Handhabung der Partikel von Bedeutung, da z.B. aus einer porigen oder faltigen Oberfläche eine verstärkte Tendenz zu einem biologischen Fouling der Partikel resultieren kann.

In Abbildung 4-5 sind exemplarisch ESEM-Aufnahmen von Partikeln aus zwei Versuchen mit unterschiedlichen Synthesebedingungen dargestellt. Die linken Bilder (SP-69) zeigen eine glatte, wenn auch nicht immer homogene, Oberfläche und nahezu ideal kugelförmige Form der magnetischen Partikel, die bei 1050 Upm, 30 g Magnetitgel und einer Mischzeit von 90 min hergestellt wurden. In Vergleich dazu weichen die Partikel (SP-67), die bei 700 Upm, 20 g Magnetitgel und ohne Mischzeit vor Zugabe des Initiators hergestellt wurden, von der Kugelform ab und zeigen eine ausgeprägt faltige Oberflächenstruktur (rechtes Bild Abbildung 4-5). Darüber hinaus besitzen diese Partikeln (schwarze Punkte in Abbildung 4-6) eine breitere Partikelgrößenverteilung sowie einen größeren mittleren Durchmesser als die bei höherer Drehzahl hergestellten Partikel (Dreiecke in Abbildung 4-6).

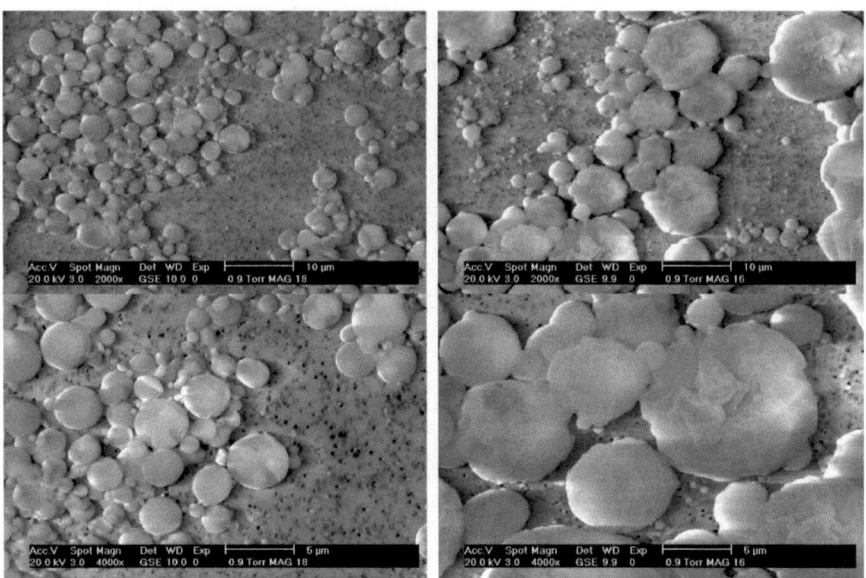

      1050 min^{-1}, 30 g, 90 min   700 min^{-1}, 20 g, 0 min

Abbildung 4-5: ESEM-Aufnahme der bei unterschiedlichen Syntheseparametern resultierenden magnetischen PVAc-Partikeln

Um die Beeinflussung der einzelnen Qualitätskriterien durch die variierten Syntheseparameter quantitativ zu erfassen, wurde eine statistische Auswertung der Ergebnisse mit Hilfe des Programms Statgraphics durchgeführt. Zum Erreichen einer übersichtlichen Darstellung wurden dabei die Syntheseparameter wie folgt abgekürzt: (A) Menge Magnetitgel, (B) Drehzahl und (C) Mischzeit. In der statistischen Analyse wurden etwaige Verstärkungs- bzw. Abschwächungseffekte untersucht, die durch gleichzeitige Variation zweier Syntheseparameter auftreten (siehe Anhang 7). Diese Interaktionen zwischen Syntheseparametern wurden entsprechend abgekürzt, beispielsweise wurde die Interaktion zwischen Magnetitgelmenge und Drehzahl mit (AB) beschriftet.

In Abbildung 4-7 ist eine Analyse des standardisierten Effekts der Syntheseparameter auf die Sättigungsmagnetisierung der Partikel dargestellt (Pareto Diagramm). Wie bereits anhand der Ergebnisse von Tabelle 4-3 vermutet, zeigt sich in dieser Auftragung klar der dominierende Einfluss der eingesetzten Menge an Magnetitgel, wobei aber auch die Interaktion AB, d.h. die gemeinsame Variation von Gelmenge und Drehzahl, einen deutlichen Effekt zeigt. Bei einer Erhöhung der Gelmenge von 20 g auf 30 g besitzen die magnetischen Partikel, egal ob bei hoher oder niedriger Drehzahl synthetisiert, immer bei hoher Magnetitgelmenge eine höhere

Sättigungsmagnetisierung (siehe hellgraue waagerechte Pfeile in Abbildung 4-8). Stattdessen zeigen die hellgrauen senkrechten Pfeile, dass eine Erhöhung der Drehzahl (von 700 auf 1050 Upm) nicht immer eine Zunahme der Sättigungsmagnetisierung bewirkt. Die Sättigungsmagnetisierung sinkt vielmehr bei hoher Drehzahl (1050 Upm) und hoher Gelmenge (30 g). Dieser Effekte wurden bei beiden Mischzeiten (0 und 90 Minuten) beobachtet (siehe Abbildung 4-8) und war somit reproduzierbar.

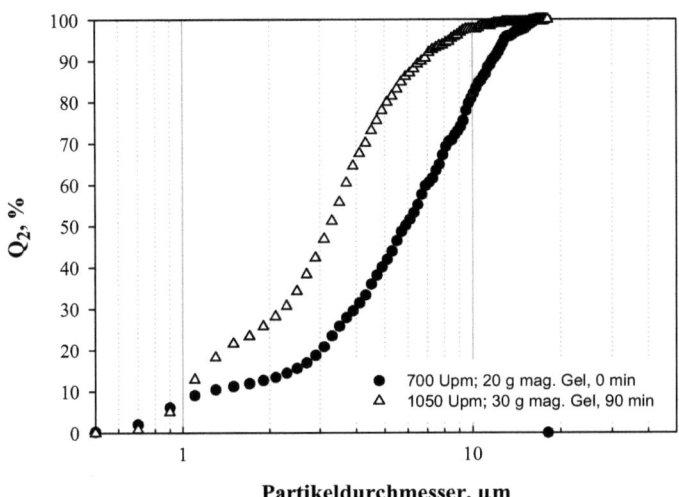

Abbildung 4-6: Partikelgrößensummenverteilungen der bei unterschiedlichen Syntheseparametern resultierenden magnetischen PVAc-Partikeln

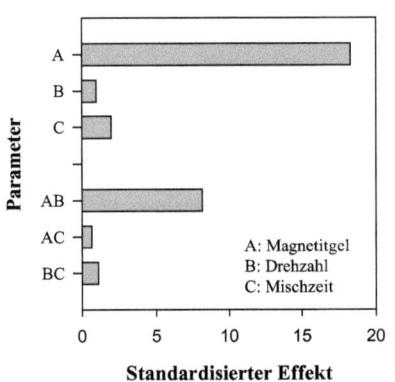

Abbildung 4-7: Standardisierter Effekt der Syntheseparameter auf die Sättigungsmagnetisierung der Partikel

Wie Abbildung 4-7 und Abbildung 4-8, veranschaulichen besitzt der dritte untersuchte Syntheseparameter, die Mischzeit, keinen signifikanten Einfluss auf die Zielgrössen, d.h. die beobachteten Schwankungen liegen im Bereich der Messgenauigkeit.

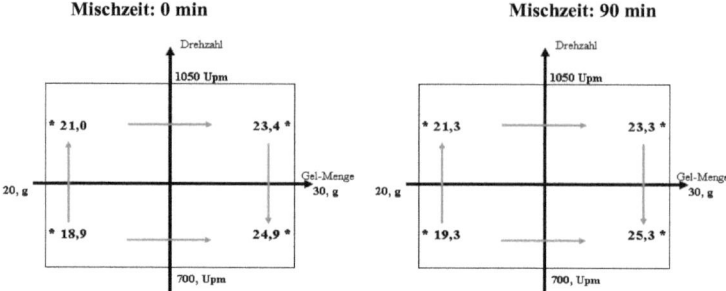

Abbildung 4-8: Einfluss der Variation der Syntheseparameter auf die Sättigungsmagnetisierung der durch Suspensionspolymerisation synthetisierten magnetischen PVAc-Partikel.

Abbildung 4-9 und Abbildung 4-10 zeigen die Ergebnisse der statistischen Analyse des Einflusses der Syntheseparameter auf den mittleren Partikeldurchmesser als Zielgrösse. Als relevante Einflussparameter lassen sich die eingesetzte Magnetitgelmenge, die Rührerdrehzahl sowie die Interaktion dieser Parameter erkennen. Die Mischzeit beeinflusst dagegen den resultierenden mittleren Partikeldurchmesser kaum.

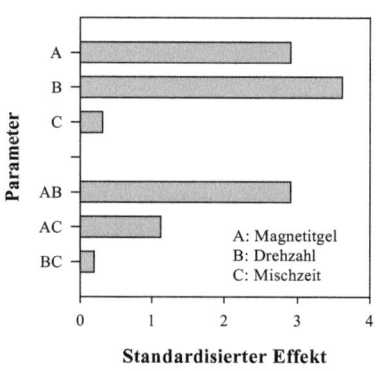

Abbildung 4-9: Standardisierter Effekt der Syntheseparameter auf den mittleren Durchmesser der Polymerpartikel

Wie erwartet bewirkt eine Erhöhung der Drehzahl eine Verringerung des mittleren Durchmessers (siehe senkrechte Pfeile in Abbildung 4-10). Überraschend ist dagegen der bei einer Drehzahl von 700 Upm starke Einfluss der eingesetzten Gelmenge auf den mittleren Partikeldurchmesser. Ursache hierfür könnte eine mit Erhöhung der eingesetzten Magnetitgelmenge verbundene Zunahme der Dichte der organischen Phase sein. Hierdurch erhöht sich auch die Scherwirkung des Rührers und es kommt zu kleineren Partikeln (siehe waagerechte Pfeile in Abbildung 4-10). Bei höherer Drehzahl (1050 Upm) ist dieser Einfluss der Gelmenge auf den mittleren Partikeldurchmesser aber nicht mehr zu erkennen.

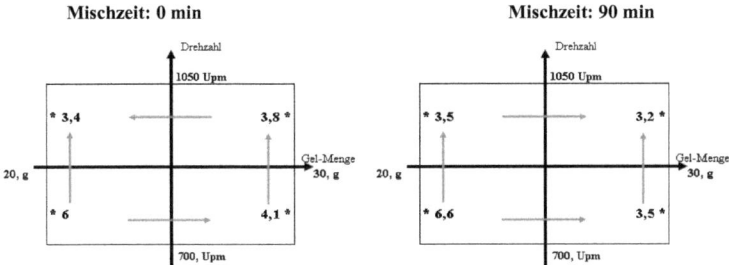

Abbildung 4-10: Einfluss der Variation der Syntheseparameter auf den mittleren Durchmesser der durch Suspensionspolymerisation synthetisierten magnetischen PVAc-Partikel

Abbildung 4-11 und Abbildung 4-12 zeigen schließlich die Ergebnisse der statistischen Analyse des Einflusses der Syntheseparameter auf die Partikelausbeute als Zielgrösse. Wie im Falle der anderen Zielgrössen zeigen die eingesetzte Magnettitgelmenge und die Drehzahl einen signifikanten Einfluss, wogegen die Mischzeit keinen Einfluss auf die Partikelausbeute ausübt. Die Partikelmenge nimmt mit steigender Gelmenge bei gleicher Drehzahl zu bzw. bleibt praktisch konstant (siehe waagerecht Pfeile in Abbildung 4-12).

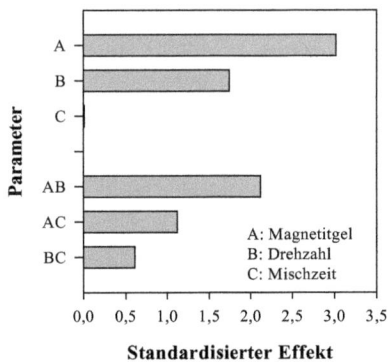

Abbildung 4-11: Einfluss der Parameter auf die Partikelmenge bei der Polymerisation

Naheliegende Erklärung ist hierbei ein bei einer erhöhten Zugabe an Magnetitgel verstärkter Einschluss von magnetischen Nanopartikel in die Polymermatrix. Der Umstand eines verstärkten Einschlusses wird dabei auch durch die Zunahme der Sättigungsmagnetisierung der resultierenden Partikel belegt (siehe Abbildung 4-7), wobei bei 30g Magnetitgel, 700 Upm und 0 min Mischzeit eine Abweichung von diesem Zusammenhang auftritt, die eventuell durch einen Fehler in der Bestimmung der Ausbeute verursacht sein kann.

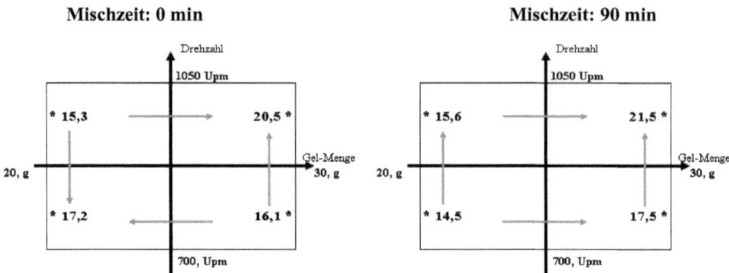

Abbildung 4-12: Einfluss der Variation der Syntheseparameter auf die Ausbeute der durch Suspensionspolymerisation synthetisierten magnetischen PVAc-Partikel

Werden der Sättigungsmagnetisierung, der Partikelausbeute und dem Partikeldurchmesser gleiche Bedeutung beigemessen, kann mit Hilfe der statistischen Analyse ein Optimum der Syntheseparameter für das Suspensionspolymerisationsverfahren ermittelt werden. Abbildung 4-3 zeigt die entsprechende Auftragung der „Desirability", wobei eine konstante Mischzeit von 90 min angenommen wurde. Das ermittelte Optimum liegt bei einer Rührerdrehzahl von 980 Upm und einer eingesetzten Magnetitgelmenge von 30 g. Der im Optimum ermittelte Wert der „Desirability" liegt über 0,9 , was in der Skala von Harrington als hervorragend bezeichnet wird [102], d.h. es gelingt weitgehend eine gleichzeitige Optimierung aller drei Zielgrössen.

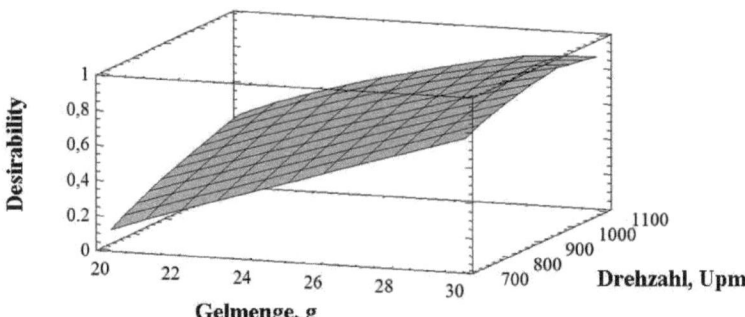

Abbildung 4-13: Desirability der Ergebnisse der Suspensionspolymerisation in Abhängigkeit der eingesetzten Gelmenge und Rührerdrehzahl. (Mischzeit konstant 90 min)

Um das vom Programm vorgegebene statistisch ermittelte Optimum zu überprüfen, wurde ein Versuch bei den entsprechenden Syntheseparametern durchgeführt und analysiert. In Tabelle 4-4 sind die Ergebnisse zusammengefasst.

Tabelle 4-4: **Berechnete und experimentell bestimmte Zielgrössen magnetischer PVAc-Partikel nach Herstellung unter Einsatz der durch statistische Analyse als optimal bestimmten Syntheseparameter (980 Upm, 30 g Magnetitgel, 90 min Mischzeit)**

	Errechnete Zielgrösse	Experimentelles Ergebnis	Abweichung
Partikelmenge, g	21,5	22	2%
Sättigungsmagnetisierung, Am^2/kg	23,8	24,6	3%
Mittlere Partikeldurchmesser, µm	3	3,2	6%

Wie zu erkennen, stimmen die experimentell gefundenen Werte für Sättigungsmagnetisierung, mittlerer Partikeldurchmesser und Partikelausbeute mit geringer prozentualer Abweichungen mit den Vorhersagen überein. Als Ergebnis ist damit festzuhalten, dass die sequentielle Optimierung zunächst der Magnetitgelsynthese und anschließend der Suspensionspolymerisation eine Versuchsvorschrift liefert, die die Herstellung magnetischer PVAc-Partikeln mit kleinem mittleren Durchmesser (3,2 µm) und für eine Separation ausreichend hoher Sättigungsmagnetisierung (24,6 Am^2/kg) erlaubt. Darüber hinaus besitzen die Partikel den, für eine effektive Resuspendierung nach erfolgter Magnetseparation, notwendigen superparamagnetischen Charakter (siehe Abbildung 4-16).

4.1.3 Abschließende Optimierung der Synthese magnetischer PVAc-Partikel

Ähnlich wie im Falle der Optimierung der Synthese des Magnetitgels, liegt auch im Falle der Optimierung der Suspensionspolymerisation das ermittelte Optimum zumindest für einen Versuchsparameter am Rande des untersuchten Wertebereichs. In abschließenden Versuchsreihen zur Magnetitgelsynthese und zur Suspensionspolymerisation sollte daher geklärt werden, inwieweit sich durch Erweiterung des untersuchten Wertebereichs dieser Parameter eine weitere Verbesserung der Partikeleigenschaften erreichen lässt.

Als erster Versuchsparameter für diese weitergehende Optimierung wurde die für die Suspensionspolymerisation eingesetzte Menge an Magnetitgel gewählt, da in diesem Fall der Zusammenhang mit einer Verbesserung der magnetischen Eigenschaften der resultierenden Partikel naheliegend ist. Hierzu wurden vier Suspensionspolymerisationen bei einer konstanten Rührerdrehzahl von 875 Upm aber mit unterschiedlichen Gelmengen (20, 30, 40 und 50 g) durchgeführt. Abbildung 4-14 zeigt eine Auftragung der für die resultierenden Partikelchargen gemessenen Zielgrössen Sättigungsmagnetisierung und Partikelausbeute über der eingesetzten Menge an Magnetitgel. Wie zu erwarten, zeigte sich hierbei eine Erhöhung der erreichten

Sättigungsmagnetisierung mit zunehmender Magnetitgelmenge, wobei jedoch für eine Magnetitgelmenge von 30g die in Kapitel 4.1.2 beschriebenen Werte nicht ganz reproduziert werden konnten (22,5 gegenüber 24,6 Am^2/kg). Ursache ist hierfür vermutlich die Verwendung einer neuen Charge an Magnetitgel. Bemerkenswert ist, dass die Zunahme der Sättigungsmagnetisierung bei weitem nicht proportional zur Erhöhung der Gelmenge ist, sondern eine Steigerung von 20g auf 50g nur eine Zunahme von 21,5 Am^2/kg auf 24 Am^2/kg bewirkt. In Verbindung mit einer deutlich abnehmenden Partikelausbeute bei Magnetitgelmengen über 30g ergibt sich somit, dass der Weg einer Erhöhung der verwendeten Gelmenge keine weitere Verbesserung der Partikelsynthese verspricht.

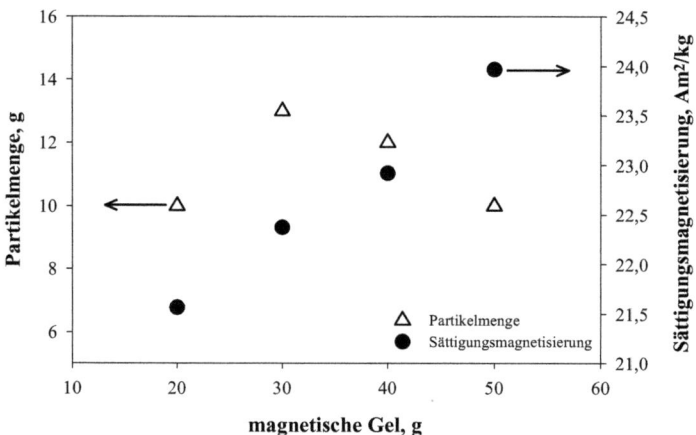

Abbildung 4-14: Einfluss der Zugabemenge an Magnetitgel auf die durch Suspensionspolymerisation synthetisierten PVAc-Partikel. Dargestellte ist der Einfluss auf die resultierende Partikelmenge und Magnetisierung

Als weitere Möglichkeit zur Verbesserung der Partikeleigenschaften wurde im Rahmen von Kapitel 4.1.1 eine Reduzierung des Massenverhältnisses zwischen Ölsaure und eingesetzten Eisensalzen diskutiert. Hierdurch sollten ein Magnetitgel mit höherem Magnetitgehalt und letztendlich PVAc-Partikel mit höherer Sättigungsmagnetisierung resultieren. In einer Versuchreihe zur Überprüfung dieser Hypothese wurden 20 bzw. 40 g Magnetit unter Zusatz von jeweils 15 oder 25 ml Ölsäure synthetisiert.

Zur Vergleichbarkeit mit den Versuchen aus Kapitel 4.1.1 erfolgte die anschließende Polymerisationsreaktion dann unter Standardbedingungen, d.h. Drehzahl 875 Upm, 25g Magnetitgel gelöst in 70 ml Hexan und eine Temperatur von 75°C. In Tabelle 4-5 sind die Versuchsmatrix sowie die wichtigsten Ergebnisse dieser weitergehenden Optimierungsversuche zusammengefasst.

Tabelle 4-5: Versuchmatrix und wichtigste Ergebnisse der weitergehenden Optimierungsversuche unter Reduktion des Ölsäure zu Magnetitverhältnisses.

Synthesebedingungen			NH$_3$, Eingesetzt.	NH$_3$, Überschuss	Ölsäure	Deproto-nierter Ölsäure-anteil	Zielgrösse	
							Ausbeute	Ms
Ölsaure ml	Magnetit g	Mengen-verhältnisse ml/g	ml	mol	mol	%	g	Am^2/kg
15	20	0,75	53,4	0,0220	0,047	46,5%	22,6	28,5
15	40	0,375	105	0,0199	0,047	42,1%	18,2	32,1
25	20	1,25	54	0,0300	0,079	38,1%	22,7	25,1
25	40	0,625	106,1	0,0346	0,079	43,9%	26,3	38,8

In Abbildung 4-15 sind die Ergebnisse nach Ölsäure- bzw. Magnetitdosierung sortiert aufgetragen. Wie zu erkennen, hat die Erhöhung des Anteils an Magnetit im Magnetitgel eine deutliche Wirkung auf die Sättigungsmagnetisierung und Ausbeute der letztendlich resultierenden PVAc-Partikel. In beiden Fällen (15 und 25 ml Ölsäure) ist die Sättigungsmagnetisierung bei Einsatz von 40 g Magnetit höher als bei Einsatz von 20 g Magnetit (jeweils 11% bzw. 35%). Wichtig ist aber festzuhalten, dass nicht die Kombination mit der geringsten Ölsäuremenge (15 ml) und höchsten Magnetitdosierung (40 g) die besten Resultate bezüglich der Sättigungsmagnetisierung des Magnetitgels erzielt, sondern der Versuch mit 40 g Magnetit und 25 ml Ölsäure. Hierbei ist zu beachten, dass die letztendlich während der Polymerisation eingesetzte Magnetitgelmenge immer konstant 25 g betrug. Zu geringe Mengenverhältnisse an Ölsäure zu Magnetit führen zu einem nur teilweisen Einschluss des Magnetits in das Gel was zu deutlichen Verlusten an Magnetit-Nanopartikeln und einem Rückgang der Ausbeute führt.

Beim Einsatz des durch Verwendung von 40 g Magnetit und 25 ml Ölsäure hergestellten Magnetitgels während der Suspensionspolymerisation wurden Probleme mit der vollständigen Löslichkeit des Gels in 70 ml Hexan beobachtet. Als Konsequenz wurde der Ansatz nochmals wiederholt, wobei anstelle von 70 ml jetzt 100 ml Hexan zum Einsatz kamen. Die derart erzeugte Partikelcharge konnte die zuvor erreichte Sättigungsmagnetisierung nochmals leicht übertreffen und erreichte einen Wert von 41,2 Am^2/kg.

ERGEBNISSE UND DISKUSSION

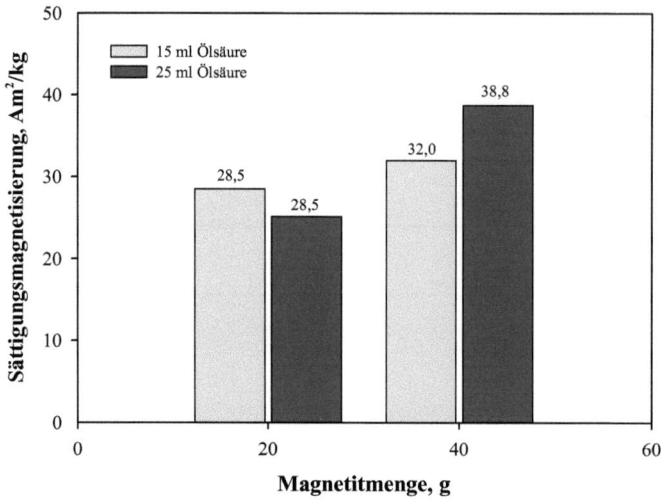

Abbildung 4-15: Sättigungsmagnetisierung von durch Suspensionspolymerisation hergestellten PVAc-Partikeln in Abhängigkeit der bei der Synthese des Magnetitgels eingesetzten Mengen an Magnetit (theoretischer Wert) sowie Ölsäure.

Zur Veranschaulichung der im Rahmen der Optimierung erzielten Fortschritte sind in Abbildung 4-16 drei Magnetisierungskurven dargestellt. Die Kurven sind dabei typische Vertreter für die Magnetisierungskurven der ersten Partikelchargen der Arbeit, der Partikel nach Optimierung der Synthesebedingungen sowie, zusätzlich als Vergleich, von reinem, mittels dem beschriebenem Fällungsverfahren gewonnenem, Magnetit. Wie zu erkennen, konnte im Verlauf des Vorhabens die Partikelmagnetisierung mehr als verdoppelt werden und erreicht nun mit 40 Am^2/kg Werte, die die Sättigungsmagnetisierung kommerzieller magnetischer Mikropolymerpartikel erreichen bzw. sogar deutlich übertreffen (siehe Tabelle 2-3). Der Vergleich mit reinem synthetischem Magnetit macht zudem klar, dass in Anbetracht der benötigten Anteile an Ölsäure sowie Polymer eine weitere Steigerung der Sättigungsmagnetisierung nicht mehr bzw. nur noch in geringem Umfang möglich erscheint.

Im Zuge der abschließenden Optimierung wurde noch eine weitere Veränderung in den Syntheseprozess eingeführt. Die Änderung betrifft das Vorgehen bei der Zugabe des wasserunlöslichen Initiators Benzoylperoxid (BPO). Abweichend von der Standardprozedur wurde BPO im späteren Versuchen nicht in Dichlormethan (DCM) vorgelöst, sondern direkt zu dem Monomer (Vinylacetat) gegeben. Hierdurch startet die Polymerisation nur in der organischen Phase. Diese kleine Modifikation in den Reaktionsbedingungen der Suspensionspolymerisation beeinflusst die Partikelgrößenverteilung stark. Abbildung 4-17 zeigt eine Partikelgrößensummenverteilung (linkes Diagramm) und eine Partikelgrößendichteverteilung (rechtes Diagramm) der nach der Standardprozedur bzw. dem neuen Vorgehen synthetisierten PVAc-Partikeln. Die punktiert Kurve bzw. hellgraue Balken repräsentierten PVAc-Partikeln bei deren Synthese der Initiator direkt im Monomer gelöst wurde. Die schwarze Kurve bzw. der gestreiften Balken repräsentieren die PVAc-Partikeln bei deren Synthese das BPO in Dichlormethan vorgelöst wurde.

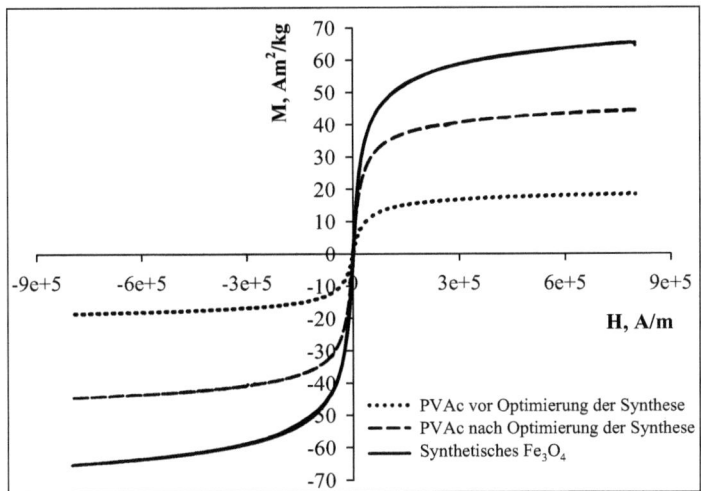

Abbildung 4-16: Magnetisierungskurven verschiedener PVAc-Partikeln sowie von synthetischem Magnetit

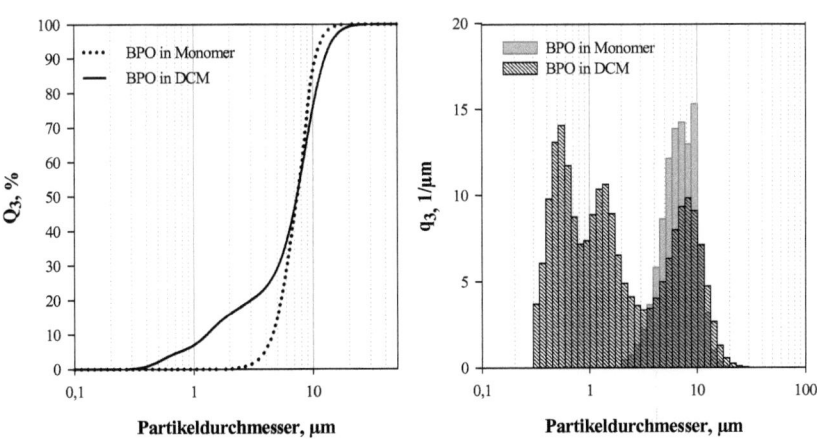

Abbildung 4-17: Darstellung der Verteilungssumme Q_3 in % und der Verteilungsdichte q_3 in 1/µm von PVAc-Partikel, wobei der Initiator in DCM vorgelöst bzw. direkt zu dem Monomer gegeben wurde

In beiden Diagrammen ist deutlich der resultierende Unterschied in der Partikelgrößenverteilung zu erkennen. Die Partikel bei denen das BPO direkt im Monomer gelöst wurde besitzen eine enge Partikelgrößenverteilung und es kommt zu keinem Feinanteil < 2 µm. Dieser Befund wird durch ESEM-Aufnahmen bestätigt, wie sie in Abbildung 4-18 beispielhaft dargestellt sind.

 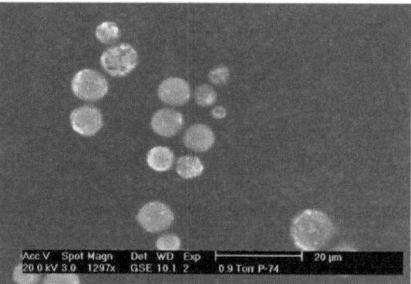

Abbildung 4-18: ESEM-Aufnahmen von synthetisierten PVAc-Partikeln, wobei der Initiator in DCM vorgelöst bzw. direkt zu dem Monomer gegeben wurde

4.1.3.1 Weitergehende Charakterisierung der Partikel

Neben der Sättigungsmagnetisierung und der Größenverteilung sind für die Anwendung der PVAc-Partikel als Ausgangsmaterial zur Herstellung magnetischer Mikrosorbentien weitere Eigenschaften wie Morphologie, Zetapotential und die spezifische Partikeloberfläche von Bedeutung.

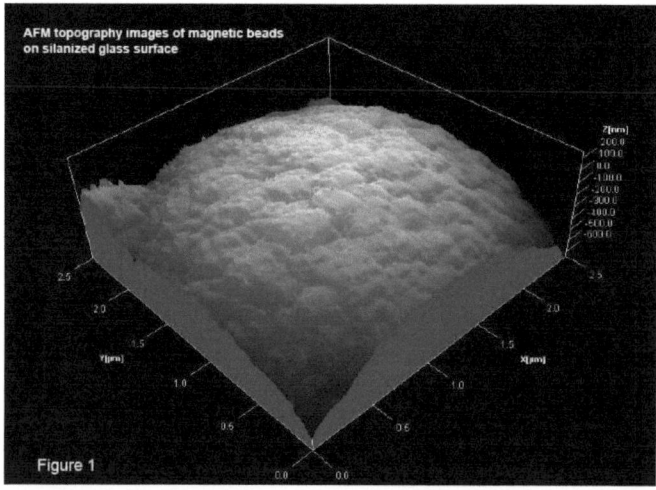

Abbildung 4-19: AFM-Aufnahme eines Oberflächenausschnitts eines magnetischen PVAc-Partikels

Zur Untersuchung der Morphologie wurden die Technik der AFM (Atomic Force Microscopy) und ein spezielles Rasterelektronenmicroskop (ESEM) eingesetzt. Das ESEM erlaubt dabei die direkte

Betrachtung der Partikel ohne vorhergehende Beschichtung mit leitfähigen Materialien (Sputtern) und somit eine unverfälschte Ansicht der Partikeloberfläche. Abbildung 4-19 zeigt eine AFM-Aufnahme eines Oberflächenausschnitts eines typischen magnetischen PVAc-Partikels. Wie zu erkennen, besitzen die Partikel eine rauhe Oberfläche, wobei das Ausmaß der Erhebungen und Vertiefungen im Bereich von 50 nm und darunter liegt. In Bezug auf den Partikeldurchmesser von 3-4 µm beträgt die Rauhigkeit damit nur ca. 1-2 %, so dass die unter optimierten Bedingungen synthetisierten Partikel annähernd ideal kugel- oder ellipsoidförmig sind.

Eine Betrachtung unterschiedlicher magnetischer PVAc-Partikel mittels ESEM zeigt jedoch in zahlreichen Fällen ein sehr heterogenes Erscheinungsbild der Partikeloberfläche (linke Fotos in Abbildung 4-20). Die Aufnahmen lassen neben einer dunklen Grundstruktur helle Flecken erkennen, die als Erhebung auftreten oder sich aber auch knapp unter der Partikeloberfläche befinden. Zur genaueren Charakterisierung dieser Flecken wurden parallel zu den ESEM-Aufnahmen mittels Röntgenmikroanalyse (EDX) die Elementzusammensetzungen der beobachteten Partikeloberflächen ermittelt. Die Eindringtiefe des Elektronenstrahls bei EDX-Messungen ist abhängig von Material und insbesondere der eingesetzten Spannung. Im Falle der vorliegenden Messungen wurde eine Spannung von 20KV angewendet, was einer Eindringtiefe von ca. 1 µm entspricht. Die dargestellten Partikel (SP-81) wurden mit einem bei optimierten Bedingungen (25 ml Ölsäure und 54 ml NH$_3$) hergestellten Magnetitgel (siehe Gel A in Abbildung 4-2) unter Standardbedingungen, d.h. Drehzahl 875 Upm, 25g Magnetitgel gelöst in 70 ml Hexan 75°C synthetisiert.

 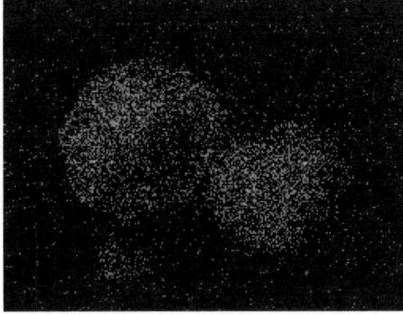

Abbildung 4-20: ESEM-Aufnahme (links) und Eisen EDX-Mapping (rechts) von magnetischen PVAc-Partikel der Charge SP-81

Das rechte Bild in Abbildung 4-20 zeigt das Ergebnis einer Eisen EDX-Analyse der Partikel (SP-81). Wie zu erkennen, ist das Eisensignal im Bereich der hellen Flecken der Partikel intensiver, wobei der Kontrast aufgrund der recht großen Eindringtiefe des Röntgenstrahls nicht stark ausgeprägt ist. Das vermehrt Auftreten von Einen signalisert eine erhöhte Magnetitkonzentration in diesen Bereichen. Durch diese Information wurde gezeigt, dass in der Polymermatrix die magnetischen Nanopartikel nicht immer homogen verteil sind, sondern auch in Form von Aggregaten auftreten können. Treten solche Aggregate an der Partikeloberfläche auf, kann dies zu einen Verringerung der funktionalisierbaren Oberfläche sowie einer vermehrten unspezifischen Interaktion mit Biomolekülen führen.

Neben der Morphologie und der chemischen Homogenität spielt das elektrische Potential der Oberfläche für die Funktionalisierung sowie die späteren Sorptionseigenschaften eine wichtige Rolle. Abbildung 4-21 zeigt den für magnetische PVAc-Partikel der Charge SP-88 (Magnetitgel 25 ml Ölsäure und 54 ml NH_3 und Polymerisation unter Standardbedingungen, d.h. Drehzahl 875 Upm, 25g Magnetitgel gelöst in 70 ml Hexan und eine Temperatur von 75°C) gemessenen Zetapotentialverlauf über dem pH-Wert der Lösung. Die Partikel wurden hierzu in 50 ml VE-Wasser suspendiert und die pH-Einstellung erfolgte mit 0,01M HCl- bzw. NaOH-Standards. Die PVAc-Partikel besitzen bei dem in späteren Sorptionsversuchen verwendeten pH-Wert von 8 ein negatives Zetapotential von -9 mV. Der isoelektrische Punkt liegt bei einem pH-Wert von 4. (Abbildung 4-21).

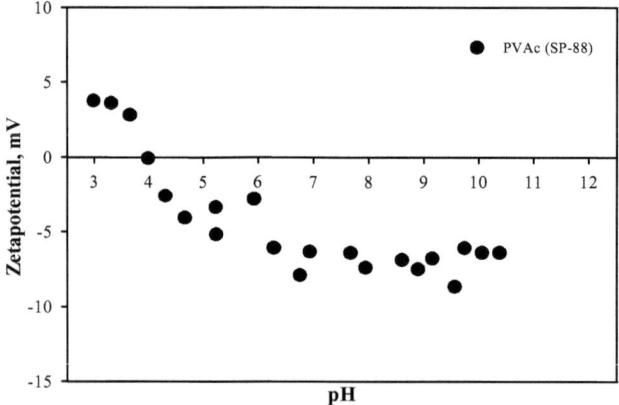

Abbildung 4-21: Zetapotentialverlauf magnetischer Polyvinylacetatpartikel bei Variation des pH-Werts

Für die spezifische Oberfläche der magnetischen PVAc-Partikel wurde mittels BET-Messungen ein Wert von ca. 2 m^2/g ermittelt. In Verbindung mit der ermittelten Dichte von 1,2 g/cm^3 bis 1,6 g/cm^3, je nach Magnetitanteil der Polymerpartikel, sowie einer mittleren Größe von ca. 3 µm korrespondiert dieser niedrige Wert gut mit den Erwartungen aufgrund des streng kugelförmigen und glatten Erscheinungsbilds der Partikel.

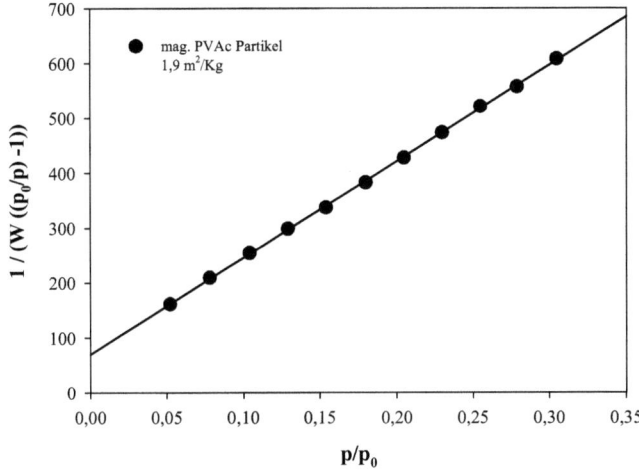

Abbildung 4-22: BET-Diagramm der Messung der spezifischen Oberfläche von magnetischen PVAc-Partikeln

4.1.4 Herstellung von PVAc-Nanopartikeln über Miniemulsionspolymerisation

Neben der Suspensionspolymerisation wurde als alternatives Verfahren für den zweiten Teilschritt der Partikelsynthese die Miniemulsionspolymerisation untersucht. Die Magnetitgele für diese Untersuchungen wurden über die in Kapitel 4.1.1 als optimal bestimmte Synthese mit 54 ml Ammoniak, 25 ml Ölsäure und einer theoretischen Magnetitausbeute von 20 g synthetisiert. Die verwendeten Reaktionsbedingungen und Chemikalien für die Miniemulsionspolymerisation finden sich in Tabelle 3-3. Das Verfahren unterscheidet sich von der Suspensionspolymerisation grundsätzlich durch die Anwendung eines wasserlöslichen Initiators (Natriumpersulfat) und eines Cotensids (Hexadecan).

Als Variationsparameter der Versuchsreihe zur Miniemulsionspolymerisation diente die Zugabemenge an Cotensid (1,5; 3; 6; 9 und 12 ml Hexadecan in der Monomerphase). In **Tabelle 4-6** sind die wichtigsten Zielgrössen (Sättigungsmagnetisierung und mittlerer Partikeldurchmesser) der resultierenden Partikelchargen aufgetragen.

Tabelle 4-6: Ergebnisse der Miniemulsionspolymerisationsexperimente bei unterschiedlicher Cotensidzugabe

Experiment	Cotensidvolumen, ml	Mittlerer Partikeldurchmesser, µm		Ausbeute, g	Sättigungsmagnetisierung, Am²/kg
		Fein-Fraktion	Grob-Fraktion		
E1	0	-	-	-	-
E2	1,5	-	-	-	-
E3	3	0,176	0,444	5,4	40,5
E4	6	0,173	0,559	9,4	44,3
E5	9	0,185	0,440	8,7	45,3
E6	12	0,320	1,033	15,8	44,9.

Die Ergebnisse zeigen, dass ohne Hexadecan (Experiment E1) oder bei Zugabe von nur 1,5 ml, entsprechend 1% des Monomervolumens, (Experiment E2) große, nicht verwendbare Agglomerate an magnetischen Polyvinylacetatpartikeln entstehen (siehe Abbildung 4-23). Die Partikelausbeute beider Experimente war zudem sehr gering und ein großer Teil des Magnetitgels wurde nicht in Polymerpartikel eingeschlossen, sondern lagerte sich an der Reaktorwand bzw. dem Rührer an. Erst ab einer Zugabe von 3 ml Hexadecan, entsprechend 2% (v/v) des eingesetzten Monomers ergaben sich verwertbare magnetische Polyvinylacetatpartikel (siehe Abbildung 4-24). Die Polymerpartikel besitzen einen deutlich kleineren Durchmesser als die über Suspensionspolymerisation hergestellten Partikel und dementsprechend eine höhere spezifische Oberfläche. Der mittlere Partikeldurchmesser liegt deutlich unterhalb von 1 µm, wobei sich eine klar bimodale Partikelgrößenverteilung zeigt (Abbildung 4-25). Für die Auswertung wurde die Partikelcharge daher mit Hilfe einer Zentrifuge in zwei Fraktionen aufgeteilt (Fein- und Grobfraktion) und für jede Fraktion ein eigener mittlerer Partikeldurchmesser bestimmt.

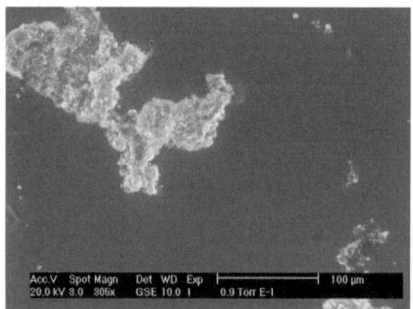

Abbildung 4-23: ESEM-Aufnahmen von durch Miniemulsionspolymerisation aber ohne Cotensid hergestellten magnetischen PVAc-Partikeln

 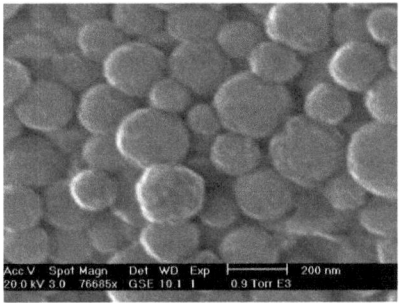

Abbildung 4-24: REM(links)- und ESEM(rechts)-Aufnahme von durch Miniemulsionspolymerisation hergestellten PVAc-Partikeln. Cotensidgehalt entsprechen 2% (v/v) des Monomers

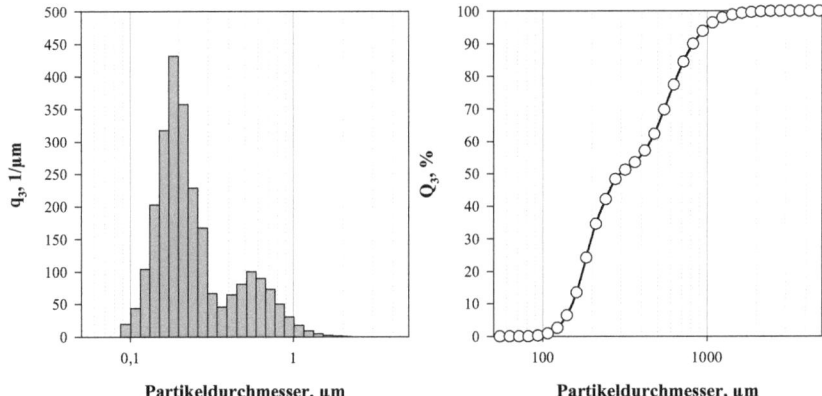

Abbildung 4-25: Darstellung der Verteilungsdichte q3 in 1/μm (linkes Diagramm) und der Verteilungssumme Q3 in % (rechtes Diagramm) von durch Miniemulsionspolymerisation (E3) hergestellten magnetischen PVAc-Partikeln

In Abbildung 4-26 sind die Diagramme der Verteilungssummen Q_3 der Fein- und Grobfraktionen der Partikelchargen E3 bis E6 dargestellt. Wie zu erkennen, zeigt die Variation des Cotensidanteils im Bereich von 2 bis 6% (v/v) des Monomervolumens (E3 bis E5) keinen signifikanten Einfluss auf den mittleren Partikeldurchmesser sowie die Breite der Partikelgrößenverteilung für beide Fraktionen. Zudem weist die Feinfraktion mit praktisch 100% der Partikel zwischen 100 und 300 nm eine, im Vergleich zu durch Suspensionspolymerisation erzeugten Partikeln, enge Partikelgrößenverteilung auf. Erst bei einer Zugabe von 12 ml Hexadecan (E6), entsprechend 8% (v/v) des Monomers, ist eine Veränderung des mittleren Partikeldurchmessers zu beobachten. Der mittlere Partikeldurchmesser der Feinfraktion steigt auf 320 nm und der der Grobfraktion auf 1 μm. Außerdem zeigt die Grobfraktion eine gegenüber den anderen Chargen breitere

Partikelgrößenverteilung (siehe rechtes Diagramm in Abbildung 4-26).

Alle durch Miniemulsionspolymerisation produzierten Partikelchargen besitzen trotz der vergleichsweise geringen Zugabe an Magnetitgel sehr hohe Sättigungsmagnetisierungen von 40,5 bis 45 Am²/kg.

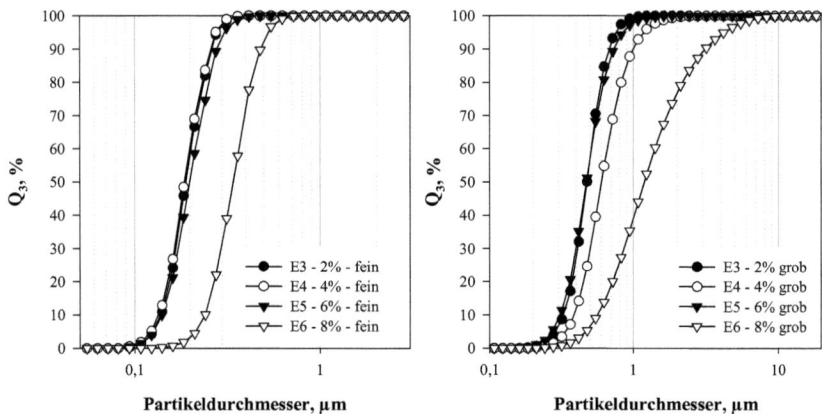

Abbildung 4-26: Darstellung der Verteilungssummen Q_3 in %, der durch Miniemulsionspolymerisation unter Variation der Zugabe an Cotensid (Hexadecan) hergestellten PVAc-Partikel

4.1.5 Synthese silangecoateter Ferritpartikel

Als einfache Alternative zur Herstellung magnetischer Mikropartikel über Polymerisationsverfahren wurde die direkte Silanisierung der durch Fällung synthetisierten Magnetit-Nanopartikel untersucht. Die Fällungsreaktion erfolgte dabei nach der in Kapitel 3.3.1.1 angeführten Gl. 3-1, wobei im Anschluss aber keine Überführung der Magnetit-Nanopartikel in ein Magnetitgel, d.h. keine Ölsäurezugabe, stattfand. Vielmehr wurden die reinen Magnetit-Nanopartikel mittels der Stöber-Methode (siehe Kapitel 3.3.2) mit einem Silancoating beschichtet. Als reaktive Silane kamen Tetraethoxysilan (TEOS) sowie Aminopropyltriethoxysilan (APTES) zum Einsatz. In einer ersten Versuchsreihe (MS1, MS2 und MS3) wurde dabei das zugesetzte Volumen an Tetraethoxysilan zwischen 40, 20 und 10 ml variiert, wobei die eingesetzte Menge an Magnetit-Nanopartikeln jeweils 10 g betrug. Die kompletten Versuchsbedingungen sind in Tabelle 4-3 angeführt.

Wie zu erkennen, steigt die Sättigungsmagnetisierung mit einer Reduzierung des verwendeten Tetraethoxysilanvolumens. Ursache hierfür ist eine Abnahme des Silananteils an der Partikelgesamtmasse bzw. eine entsprechende Zunahme des Anteils an Magnetit-Nanopartikeln.

Ergebnisse und Diskussion

Tabelle 4-7: Wichtigste Kenngrößen der durch Silanbeschichtung von Ferritpartikeln synthetisierten Partikelchargen MS1 bis MS5

	MS1	MS2	MS3	MS4	MS5	Magnetit
Sättigungsmagnetisierung, Am²/kg	37	47	57	16	61	70
Mittlerer Agglomeratdurchmesser, µm	3	1	1,3	0,35	9	< 0,025
Funktionalisierungsgrad, µmol NH_2/g	123 [a]	114 [a]	108 [a]	784	278	-

(a) nach APTES Coating

Die nach dem beschriebenen Syntheseverfahren produzierten reinen Magnetit-Nanopartikel besitzen eine Sättigungsmagnetisierung von 70 Am2/kg. Hohe Silankonzentrationen bewirken zudem eine verstärkte Agglomeration der Nanopartikel und damit eine steigende Agglomeratgröße, wobei zwischen TEOS-Dosierungen von 10 bzw. 20 ml kein signifikanter Unterschied gemessen wurde (siehe auch Abbildung 4-27). Tabelle 4-7 enthält zusätzlich die nach anschließendem APTES Coating gemessene spezifische Funktionalisierung der Partikel mit Amingruppen. Die Partikel erreichen Werte von ca. 110 µmol/g, mit einer leicht abnehmenden Tendenz bei geringerer TEOS-Dosierung.

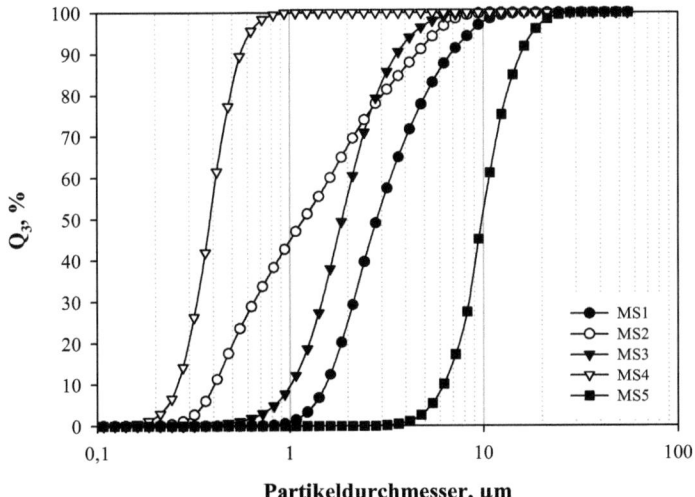

Abbildung 4-27: Darstellung der Verteilungssumme Q_3 silangecoateter Ferritpartikel bei unterschiedlichen Herstellungsbedingungen (siehe Tabelle 4-3)

Abbildung 4-28 zeigt ESEM-Aufnahmen der Partikelchargen MS1 – MS3. Alle drei Chargen haben eine ähnlich rauhe Struktur und besitzen keine definierte Form. Vielmehr handelt es sich um Agglomerate sehr kleiner Nanopartikel. Das untere rechte Bild zeigt in einer Vergrößerung eines dieser Agglomerate nochmals ihre körnige Struktur.

Neben der erwähnten Funktionalisierung der silangecoateten Magnetitpartikel durch einen zusätzlichen Verfahrensschritt mit Aminopropyltriethoxysilan (APTES), besteht die Möglichkeit bereits während des ersten Coatings eine Mischung aus TEOS und APTES zu verwenden. Diese Vereinfachung des Verfahrens wurde für die Partikelcharge MS4 getestet, wobei 20 ml TEOS und 20 ml APTES zum Einsatz kamen. Zur Reduzierung der beobachteten starken Agglomeration wurden zudem weitere Änderungen der Silanisierungsbedingungen eingeführt: (i) Reduktion der eingesetzten Menge an Magnetit-Nanopartikeln auf 1 g, (ii) Erhöhung der Ammoniakdosierung (25%) von 5 ml auf 60 ml und schließlich (iii) Durchführung der Reaktion in einem Reaktionsgemisch Ethanol:Wasser 3:1 (150 ml : 50 ml).

Abbildung 4-28: ESEM Aufnahmen von silangecoateten Ferritpartikeln. Oben links MS1, oben rechts MS2, unten links MS3, unten rechts Vergrößerung MS1

Wie Abbildung 4-29 zeigt, besitzen die derart hergestellten silangecoateten Partikel eine gegenüber den Agglomeraten der Chargen MS1 bis MS3 wesentlich idealere, kugelförmige Form. Die Partikel haben eine glatte Oberfläche und scheinen sich erst durch die Trocknung zu losen Verbünden zu ketten.

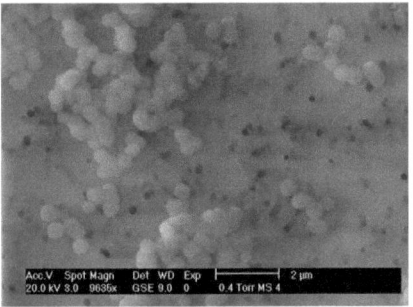 

Abbildung 4-29: ESEM bzw. REM-Aufnahme von MS4 Silan gecoatete Ferritpartikel

Die Einzelpartikel besitzen nur eine Größe von ca. 200 bis 400 nm, wobei in der Verteilungssumme Q_3 Verbünde mit Größen bis zu 800 µm zu erkennen sind (Abbildung 4-27). Die starke Erhöhung des Silan zu Magnetit Verhältnisses führt aber auch zu einer deutlichen Senkung der Sättigungsmagnetisierung auf 16 Am^2/kg. Die Bestimmung der Aminogruppen mittels des TNBS-Tests (Kapitel 3.4.4) liefert einen sehr hohen Wert von 784 µmol/g, dennoch gelang in späteren Versuchen keine befriedigende Funktionalisierung der Partikel der Charge MS4 zu produktspezifischen Mikrosorbentien. Trotz ihrer augenscheinlich interessanten Eigenschaften wurde daher die Synthese silangecoateter Magnetitpartikel nach den Bedingungen von Charge MS4 nicht weiter verfolgt. Falls jedoch mit veränderter Chemie eine ausreichende Funktionalisierung gelingen würde, besitzen die in Abbildung 4-29 gezeigten Partikel aufgrund ihrer definierten Größe und Morphologie ein hohes Potential für technische Anwendungen.

Abbildung 4-30: ESEM-Aufnahme silangecoateter Ferritpartikel der Charge MS5

Schließlich wurden in einem letzten Ansatz Magnetit-Nanopartikel unter Einsatz von reinem APTES beschichtet (MS5). Zur Verbesserung der magnetischen Eigenschaften wurde das Silan zu

Magnetit-Verhältnis dabei gegenüber MS4 wieder halbiert. Zudem wurde das Volumen der eingesetzten Reaktionslösung verringert (75ml Ethanol und 25 ml Wasser) und die Reaktionszeit auf 48h gesetzt, um die Silanisierungsreaktion abzuschließen. Das Ergebnis waren erneut körnige Partikelagglomerate, die in ihrer Form denen der Partikelchargen MS1 bis MS3 ähneln aber, vermutlich aufgrund der längeren Reaktionszeit, einen größeren mittleren Agglomeratdurchmesser von 9 µm besitzen. Die Partikel besitzen eine sehr hohe Sättigungsmagnetisierung (61 Am^2/kg) sowie eine hohe Dichte an Aminogruppen auf ihrer Oberfläche (278 µmol/g).

4.2 Funktionalisierung der Mikropartikel und Charakterisierung der Sorptionseigenschaften

Als Möglichkeit zur Funktionalisierung der synthetisierten Magnetpartikel wurden zwei Varianten untersucht. Zum einen die Kopplung eines Affinitätsliganden und zum anderen die Funktionalisierung der Oberfläche durch eine kationenaustauschaktive Gruppe. Sowohl für die magnetischen PVAc-Partikel als auch für die mit Silan gecoateten Magnetit-Nanopartikel wurden beide Funktionalisierungsvarianten untersucht. Zur Charakterisierung der Sorptionseigenschaften der resultierenden magnetischen Mikrosorbentien wurden Lysozym und Ovalbumin als Modellproteine verwendet. Im Folgenden werden die Funktionalisierungs- und Sorptionsergebnisse getrennt nach Partikelsorte und Funktionalisierungsmethode einzeln vorgestellt und diskutiert.

4.2.1 Magnetische PVAc-Partikel mit Cibacron Blue Liganden

Wie in Kapitel 3.5.1 ausführlich beschrieben, wurde der Farbstoff-Ligand Cibacron Blue über acht verschiedene Spacer an magnetische PVAc-Partikel gekoppelt. Zwei der Kopplungsreaktionen erfolgten hierbei über die „NH_2-Gruppe", drei über die „Cl-Gruppe" und eine über die „O-Gruppe" des Cibacron Blue. In Tabelle 3-5 werden die Zusammensetzungen aller verwendeter Spacerarme sowie eine der Abkürzung dienende Codierung vorgestellt. Um die Lysozym-Bindekapazitäten in Abhängigkeit des verwendeten Spacers zu untersuchen, wurden von allen resultierenden Mikrosorbentien Adsorptionsisothermen bzw. einzelne Adsorptions-Gleichgewichtspunkte der Lysozymbeladung aufgenommen (siehe Kapitel 3.10.1). Zusätzlich wurde der Einfluss des pH-Werts und der Salzkonzentration auf die Sorptionseigenschaften der Partikel untersucht.

4.2.1.1 Einfluss des Spacers

Abbildung 4-31 zeigt den Einfluss der unterschiedlichen Spacer auf die erreichbare maximale Lysozymbeladung. Aus Gründen der Übersichtlichkeit ist dabei auf der X-Achse nur der Code des jeweiligen Spacers aufgetragen (siehe Tabelle 3-5).

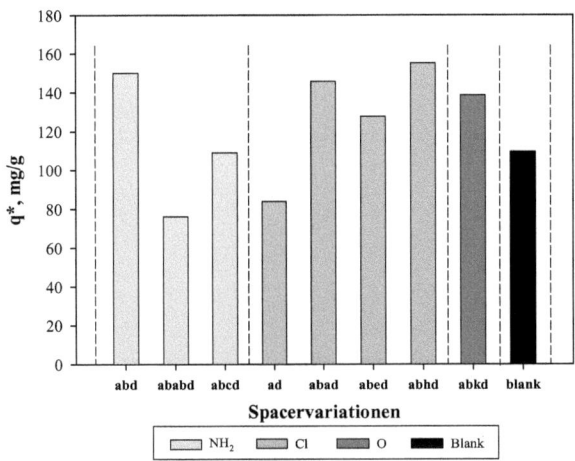

Abbildung 4-31: Maximale Lysozymbeladung für mit Cibacron Blue funktionalisierte magnetische PVAc-Partikel unter Verwendung unterschiedlicher Spacer im Rahmen der Kopplungsreaktion. Die Grautöne codieren die funktionelle Gruppe über die die Anbindung des Cibacron Blue erfolgt.

Die an der jeweiligen Kopplungsreaktion beteiligte funktionelle Gruppe des Cibacron Blue wurde zudem durch unterschiedliche Grautöne gekennzeichnet. Als Vergleich bzw. Referenz wurden auch nicht funktionalisierte magnetische PVAc-Partikel untersucht (Blank). Für die nach diesem Screening beiden besten Kopplungsvarianten, Spacer aus Hexamethylendiamin und Glutardialdehyd (abd) bzw. noch zusätzlichem 2-Aminopropanol (abhd), wurden zur besseren Charakterisierung komplette Sorptionsisothermen für Lysozym bestimmt (siehe Abbildung 4-32).

Die Isothermenverläufe wurden nach dem Langmuir Modell angepasst und die Gleichgewichtskonstante der Dissoziation K_d sowie die maximale Lysozymbeladung q_{max} durch Regressionsrechnung ermittelt und in Tabelle 4-8 zusammengefasst.

Die synthetisierten magnetischen Mikrosorbentien erreichen im Vergleich zu den angeführten Literaturwerten nur mittlere Maximalbeladungen jedoch sehr günstige K_d-Werte, entsprechend einer sehr hohen Bindungsselektivität. Insgesamt resultieren somit sehr gute q_{max}/K_d-Verhältnisse, die durch die Einbeziehung von Beladungskapazität und –selektivität ein wichtiges Maß für die zu erwartenden Bindungsaffinitäten darstellen. Beide Chargen besitzen vergleichbare Sorptionseigenschaften bezüglich Lysozym und erreichen q_{max}-Werte von 129 bzw. 145 mg/g. Die K_d-Werte variieren zwischen 0,0014 und 0,0045 g/l, wobei in diesem sehr niedrigen Konzentrationsbereich der Unterschied im Rahmen der Messungenauigkeit liegt.

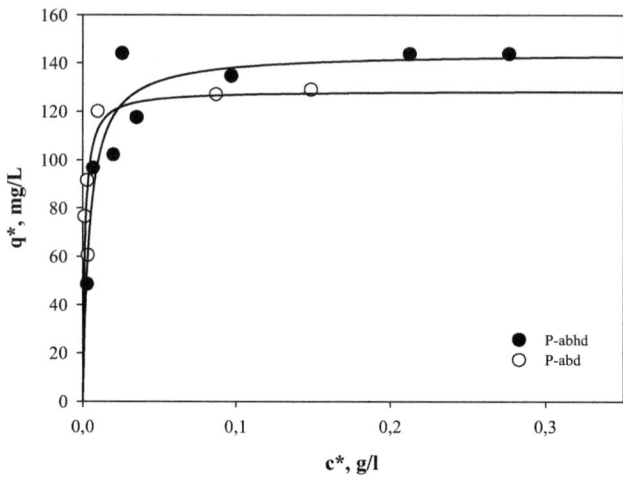

Abbildung 4-32: Sorptionsisothermen von Lysozym an magnetische PVAc-Partikel mit Cibacron Blue Funktionalisierung

Tabelle 4-8: Vergleich der Langmuirparameter der Lysozymisothermen für mit Cibacron Blue funktionalisierte magnetische PVAc-Partikel sowie für vergleichbare Partikel aus der Literatur

	P-abd	P-abhd	Tong [6]	Denizli [105]	Altintas [106]
q_{max}, mg/g	128,6	144,5	71,3	298	666
q_{max}, µmol/g	9	10,1	5,0	20,9	46,9
K_d, g/l	0,0014	0,0045	0,027	k.a	0,333
K_d, µmol/l	0,098	0,316	1,901	k.a	23,4
q_{max}/K_d, l/g	91,8	32,11	2,6	-	2

4.2.1.2 Einfluss der Spacerlänge

Für die Effizienz eines gebundenen Liganden spielt der Typ sowie die Länge eines zur Kopplung benutzten Spacers eine wichtige Rolle. Die Länge des Spacers lässt sich dabei über eine mehrfache chemische Anbindung immer gleicher organischer Moleküle variieren. Für eine Vereinfachung der Darstellung wird die Spacerlänge in Abbildung 4-33 als Anzahl der enthaltenen C-Atome auf der X-Achse aufgetragen, die Y-Achse gibt wiederum die erreichte maximale Lysozymbeladung wieder.

Eine direkte Kopplung des Liganden Cibacron Blue an magnetische PVAc-Partikel ist unter den gewählten Reaktionsbedingungen nicht möglich, so dass die geringste Spacerlänge 6 C-Atome beträgt, was einem einzelnen Molekül Hexamethylendiamin (Codierung a) entspricht. Wird in einem zweiten Schritt der Spacer über Glutardialdehyd auf 11 C-Atome (Codierung ab) verlängert, steigt die gemessene maximale Beladung mit Lysozym um nahezu den Faktor 2 an. Eine weitere Verlängerung über Hexamethylen (Codierung aba) bringt keine weitere Verbesserung und schließlich führen sehr große Spacerlängen von 22 C-Atomen (Codierung abab) wieder zu einem deutlichen Rückgang der Beladungskapazität. Die Ursache für den anfänglichen Anstieg liegt in der besseren sterischen Zugänglichkeit eines längeren Spacers für das Cibacron Blue Molekül. Im Falle länger Spacermoleküle, deren Aufbau eine mehrstufige Spacerreaktionen benötigt, wird dieser die Kopplung begünstigende sterische Effekt jedoch durch die nicht vollständige Reaktionsausbeute jedes Schrittes zur Spacerverlängerung überwogen. Da jede dieser Reaktionen nicht vollständig abläuft, reduziert sich die Anzahl der zur Verfügung stehenden funktionellen Gruppen, die zur Anbindung von Cibacron Blue zur Verfügung stehen. Diese Verminderung verursacht, dass weniger Liganden an der Oberfläche gekoppelt werden können und infolge dessen die erreichbare Beladung an Lysozym sinkt. Nach diesen Untersuchungen liegt die günstigste Spacerlänge zwischen 11 und 17 C-Atomen, was einem Aufwand von bis zu vier Reaktionsschritten zum Aufbau des Spacers entspricht.

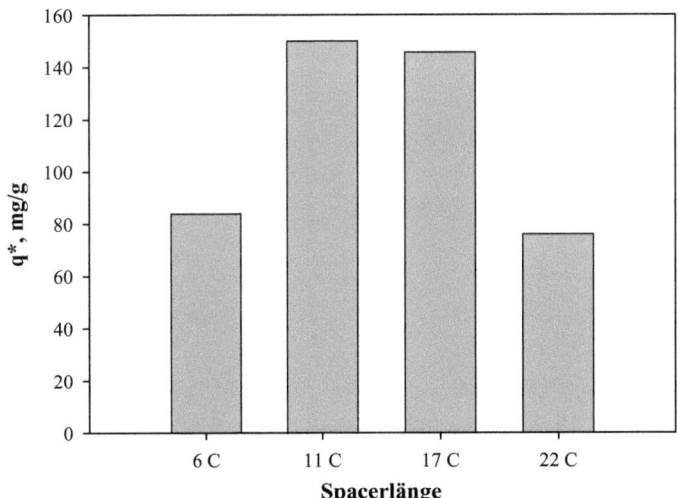

Abbildung 4-33: Maximale Lysozymbeladung für mit Cibacron Blue funktionalisierte magnetische PVAc-Partikel bei Variation der Spacerlänge

4.2.1.3 Bestimmung der Ligandenkonzentration

Die erreichte Ligandenkonzentration auf den Partikeln wurde mittels analytischer Methoden wie UV/VIS, IR und EDX untersucht. Auf Grund der im Vergleich zu den Partikeln geringen Gewichtsanteile des Liganden war es jedoch nicht möglich verlässliche quantitative Aussagen zur Menge des gebundenen Cibacron Blue mit diesen analytischen Methoden zu treffen (siehe Zucic [95]). Deshalb wurde für verschiedene Partikelproben der Gehalt an Schwefel durch eine Elementaranalyse mittels CHNS-Detektion bestimmt. Über den Schwefelgehalt konnte die Konzentration an Ligand in der Probe berechnet werden. Dabei ist zu beachten, dass pro Molekül Cibacron Blue drei Moleküle Schwefel enthalten sind. In Tabelle 4-9 sind die Ergebnisse der Beladungsbestimmung von Cibacron Blue an magnetischen PVAc-Partikel dargestellt.

Tabelle 4-9: Ergebnisse der Bestimmung der Cibacron Blue Beladung durch Elementaranalyse

Spacervariante	Konzentration Schwefel, mg/g	Konzentration CB, µmol/g
P-abd	5,98	62,29
P-abhd	7,87	81,98

Die Messungen korrelieren mit den Ergebnissen der in Abbildung 4-32 dargestellten Lysozymadsorption, d.h. Partikel mit der Spacervariante „P-abhd" zeigen die höchste Ligandenkonzentration von ca. 80µmol Cibacron Blue je Gramm. Die erreichten Cibacron Blue (CB) Beladungen liegen höher als in der Literatur zitierte Beladungswerte für CB funktionalisierte, magnetische Mikrosorbentien (siehe **Tabelle 2-4**). Denizli [105] berichtet zum Beispiel von Partikeln mit einer Cibacron Blue Beladung von 42 µmol/g.

4.2.2 Optimierung der Sorptionsbedingungen für Lysozym

4.2.2.1 Einfluss des pH-Werts

Aufgrund des amphoteren Charakters von Proteinen wird ihre Bindung an geladene Oberflächen oder Liganden stark durch den pH-Wert und die Ionenstärke beeinflusst, bei dem die Bindung stattfindet. Cibacron Blue (CB) nimmt in diesem Zusammenhang eine Übergangsstellung ein, da es neben hydrophoben Bereichen auch geladene chemische Gruppen wie z.B. SO_3^- besitzt. Für die Bindung von Proteinen an CB spielen daher sowohl hydrophobe als auch elektrostatische Wechselwirkungen eine Rolle, wobei je nach pH-Wert und Ionenstärke einer der Mechanismen überwiegt. Um dies zu untersuchen, wurden Adsorptionsisothermen bei pH-Werten von 4, 6 und 8 ermittelt (siehe Abbildung 4-34). Für die Untersuchungen wurden mit Cibacron Blue funktionalisierte PVAc-Partikel des Typs „abd" verwendet.

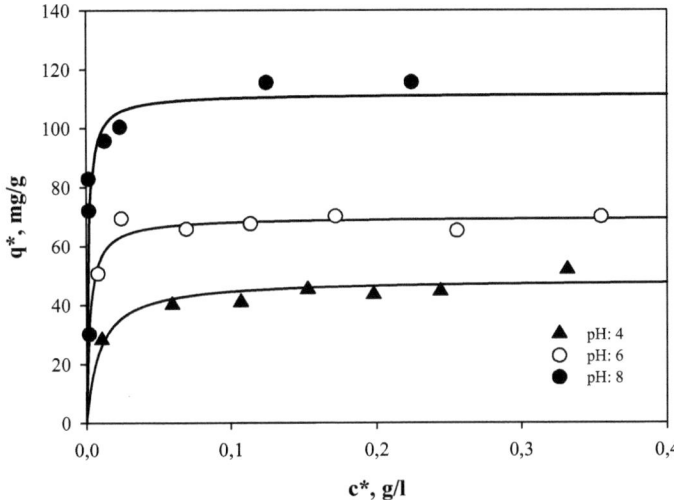

Abbildung 4-34: Einfluss des pH-Werts auf die Sorption von Lysozym an mit Cibacron Blue funktionalisierte PVAc-Partikel des Typs „abd"

Die maximale Beladung q_{max} von ca. 110 mg/g wird bei einem pH-Wert von 8 erreicht (schwarze Punkte). Allein durch Variation des pH-Wertes wird die maximale Beladung deutlich beeinflusst. Bei einer Verringerung des pH-Werts auf 6 bzw. 4 sinkt die maximale Beladung auf ca. 70 mg/g bzw. 48 mg/g, d.h. einer drei-fach geringeren Beladung als im Falle des pH-Werts von 8. Außerdem verschlechtert sich die Affinität der Mikrosorbentien gegenüber Lysozym, was sich in einem Ansteigen der K_d-Werte der entsprechenden Gleichgewichtsisothermen äußert. Für den Übergang von einem pH-Wert von 8 auf 6 und schließlich auf 4 ergeben sich K_d-Werte von 0,0014 g/l, 0,0025 g/l und 0,009 g/l. Insgesamt weisen die K_d-Werte < 0,01 g/l aber in allen Fällen auf eine hohe Affinität des CB-Liganden für Lysozym hin. Eine anschauliche Interpretation der Langmuirkonstanten K_d ergibt sich aus dem Zusammenhang, dass für eine verbleibende Restkonzentration von $c^* = K_d$ gerade die halbe Maximalbeladung ($q_{max}/2$) erreicht wird. Ein Vergleich der Anfangsteigungen der Langmuir-Isothermen (q_{max}/K_d) zeigt noch deutlichere Unterschiede in Abhängigkeit des pH-Werts. Die Anfangsteigung bei pH = 8 beträgt 78 l/g. Im Vergleich dazu ergeben sich bei pH-Wert von 6 bzw. 4 (q_{max}/K_d)-Werten von 28 bzw. 5,3 l/g.

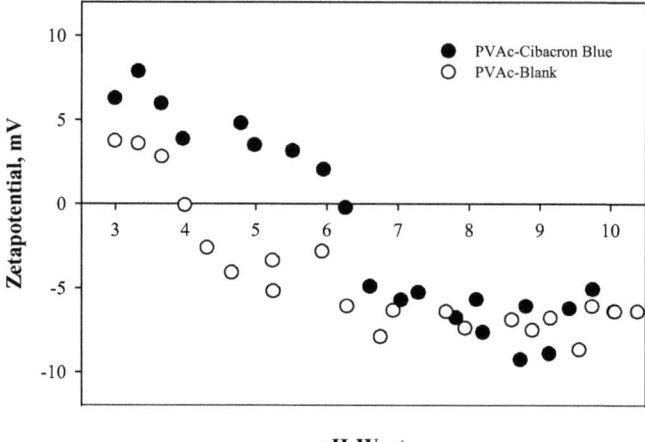

Abbildung 4-35: Zetapotential magnetischer PVAc-Partikel vor und nach der Funktionalisierung (Typ „abd") mit Cibacron Blue. (Medium VE-Wasser, Titration mit 0,01M HCl und NaOH)

Bei der Erklärung der beobachteten pH-Abhängigkeit spielen die isoelektrischen Punkte (IEP) des Lysozyms sowie der magnetischen Mikrosorbentien eine entscheidende Rolle. Aus der Auftragung der Zetapotentialverläufe von PVAc-Partikeln vor und nach einer Funktionalisierung mit CB (Abbildung 4-35) ist zu erkennen, dass der stark anionisch ausgeprägte Charakter unfunktionalisierter PVAc-Partikel durch die Kopplung von CB an die Oberfläche deutlich abgeschwächt und der IEP zu höheren pH-Werten (6,5) hin verschoben wird. Die funktionalisierten Partikel besitzen bei einem pH-Wert von 8 eine schwach negative Oberflächenladung, Lysozym liegt aufgrund seines hohen IEP (pH-Wert 10,2) jedoch bei pH =°8 positiv vor. Entsprechend kommt es zu einer anziehenden elektrostatischen Wechselwirkung und einer guten Bindung. Ein pH-Wert von 6 liegt sehr nah am IEP der CB-PVAc Partikel. Hieraus folgt, dass es nur zu einer sehr geringen elektrostatischen Wechselwirkung der Liganden mit Lysozym kommt, was sich in einem deutlichen Rückgang der Beladung äußert. Dass es dennoch zu einer Maximalbeladung von ca. 60 mg/g kommt, zeigt, dass neben elektrostatischen auch hydrophobe Wechselwirkungen bei der Proteinbindung an CB eine Rolle spielen. Noch klarer wird dies für den Versuch bei pH = 4. Hier besitzen sowohl die CB-PVAc-Partikel als auch Lysozym eine positive Ladung und es kommt zu einer abstoßenden elektrostatischen Wechselwirkung. Diese führt zu einer weiteren Reduktion der erreichbaren Beladung, wobei aufgrund der noch vorhandenen hydrophoben Wechselwirkung dennoch Werte von 48 mg/g erreicht werden.

4.2.2.2 Einfluss der Salzkonzentration

Das Ausmaß der zwischen den Liganden auf der Partikeloberfläche und den Proteinen auftretenden elektrostatischen Wechselwirkung hängt neben dem pH-Wert des Bindepuffers auch stark von dessen Ionenstärke ab. Zur Bestimmung dieses Einflusses wurden die Versuche bei pH 8, 6 und 4 jeweils mit steigender Neutralsalzkonzentration (0; 0,01 und 0,1 M NaCl) des Bindepuffers durchgeführt. In Abbildung 4-36 bzw. Abbildung 4-37 sind die bei einem pH-Wert von 8 bzw. 6 resultierenden Bindeisothermen dargestellt. Es ist zu erkennen, dass wie erwartet nur bei einem pH-Wert von 8 ein signifikant negativer Effekt zunehmender Ionenstärke auf die Bindung festzustellen ist. Hier ergibt eine Zugabe von 0,01 bzw. 0,1 mol NaCl einer Verringerung der maximalen Beladung im Vergleich zu der Bindung ohne Neutralsalzzugabe um ca. 15% bzw. 25%. Die Erklärung hierfür ist die mit zunehmender Ionenstärke erhöhte Abschirmung der bei diesem pH-Wert anziehenden elektrostatischen Wechselwirkung. Zusätzlich können die Natriumionen mit dem Lysozym um die negativ geladenen funktionellen Gruppen konkurrieren. Damit sinkt die Sorptionskapazität des Enzyms mit steigendem Salzgehalt.

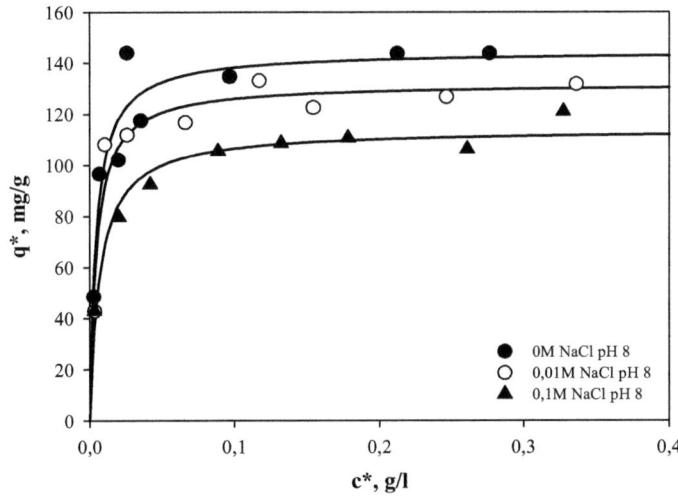

Abbildung 4-36: Einfluss der Neutralsalzkonzentration auf die Sorption von Lysozym an mit Cibacron Blue funktionalisierte magnetische PVAc-Partikel bei einem pH-Wert von 8

Bei einem pH-Wert von 6 tritt wie im vorhergehenden Abschnitt beschrieben praktisch keine elektrostatische Wechselwirkung auf, wodurch auch die Neutralsalzzugabe ohne Effekt bleibt (siehe Abbildung 4-37). Bei einem pH-Wert von 4 wurde ebenfalls keine signifikante Wirkung einer Neutralsalzzugabe auf die Sorption von Lysozym gefunden.

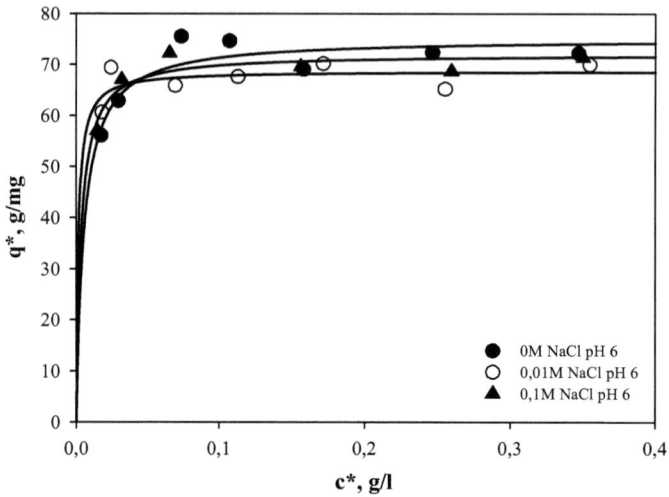

Abbildung 4-37: Einfluss der Neutralsalzkonzentration auf die Sorption von Lysozym an mit Cibacron Blue funktionalisierte PVAc-Partikel bei einem pH-Wert von 6

4.2.3 PVAc-Partikel mit Kationenaustauchergruppen

Die untersuchten Varianten zur Herstellung von PVAc-Partikeln mit kationenaustauschaktiven Gruppen umfassten vier verschiedene Spacer, wobei in allen Fällen anschließend eine Sulfonsäure als Endgruppe verwendet wurde. Die notwendigen Zwischenreaktionen zum Aufbau jedes Spacers sowie die Kopplung der Kationenaustauschergruppe wurden bereits in Absatz 3.5.2 erklärt. Tabelle 3-6 fasst die Zusammensetzung und abkürzende Codierung der resultierenden Partikeltypen SACE I - IV zusammen und Abbildung 7-6 in Anhang 7.2.2 zeigt die zugehörigen Strukturformeln. Die vier verwendeten Partikeltypen wurden anschließend an ihre Synthese bezüglich ihrer Sorptionseigenschaften für das Protein Lysozym verglichen.

4.2.3.1 Einfluss des Spacers

In Abbildung 4-38 sind die Sorptionsisothermen der Partikeltypen SACE I bis IV sowie, zum Vergleich, die Sorptionsisotherme unfunktionalisierter magnetischer PVAc-Partikel (Blank) dargestellt. Die ermittelten Konstanten der angepassten Langmuir-Isothermen finden sich in Tabelle 4-10.

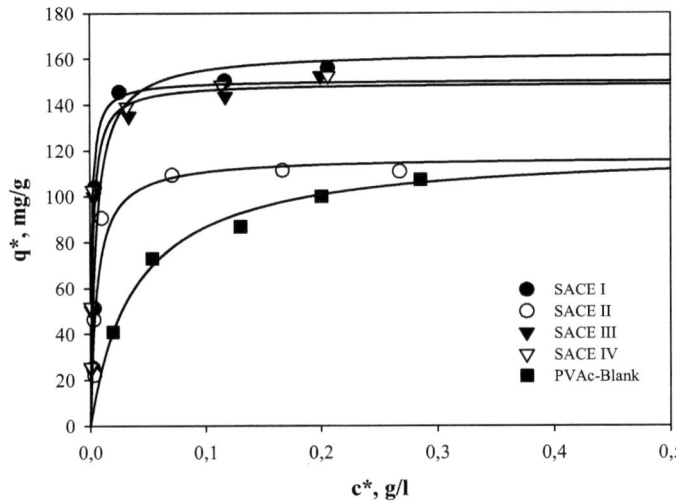

Abbildung 4-38: Sorptionsisothermen von Lysozym an kationenaustauschaktiven, magnetischen PVAc-Partikeln der Typen SACE I bis IV bei pH = 8. Die zugehörigen Funktionalisierungsprotokolle finden sich in Kapitel 3.5.2.

Wie zu erkennen, liefern die Partikeltypen SACE I, SACE III und SACE IV (d.h. die Einbringung der Sulfonsäuregruppen über 2-Chlorethansulfonsäure, o-2-Aminoethansulfonsäure bzw. 2-Bromethansulfonsäure) vergleichbare maximale Beladungen von ca. 160 mg Lysozym pro Gramm magnetischer PVAc-Partikel. Im Vergleich dazu erreichen die Partikel des Typs SACE II (Funktionalisierung mit Hydroxymethansulfonsäure) nur ein q_{max} von 118 mg/g, was vergleichbar der maximalen Lysozymbeladung der umfunktionalisierten PVAc-Partikel ist.

Tabelle 4-10: Vergleich der Langmuirparameter der Lysozymisothermen für funktionalisierten mit stark sauer Kationenaustauschergruppen funktionalisierte PVAc-Partikel

	SACE I	SACE II	SACE III	SACE IV	Blank
q_{max}, mg/g	162	118	153	158	120
q_{max}, µmol/g	11,4	8,3	10,8	11,1	8,4
K_d, g/l	0,0070	0,0084	0,0035	0,0017	0,038
K_d, µmol/l	0,49	0,59	0,25	0,12	2,68
q_{max}/K_d, l/g	23	14	43	93	3,1

Ursache für die hohe Beladungskapazität der Ausgangspartikel ist das, bei dem verwendeten pH-Wert von 8, negative Oberflächenpotential der Polyvinylacetatartikel (siehe Abbildung 4-21).

Hierdurch kommt es zu einer unspezifischen Anlagerung des bei diesem pH-Wert positiv geladenen Lysozyms durch elektrostatische Wechselwirkung. Wie aus dem recht flachen Isothermenverlauf bzw. dem hohen K_d-Wert von 0,038 g/l zu erkennen, ist die Affinität der unfunktionalisierten Partikeln gegenüber Lysozym aber deutlich geringer als die der funktionalisierten Partikeln (K_d-Werte von 0,0027 bis 0,0084 g/l). Im Falle der SACE-Mikrosorbentien liegt der Nutzen der weitergehenden Funktionalisierung der ursprünglichen PVAc-Matrix also weniger in der Steigerung der maximalen Beladungskapazität, als vielmehr in der Verbesserung der Affinität gegenüber Lysozym, wodurch bereist für sehr geringe Lösungskonzentrationen < 0,01 g/l hohe Beladungen erreicht werden können.

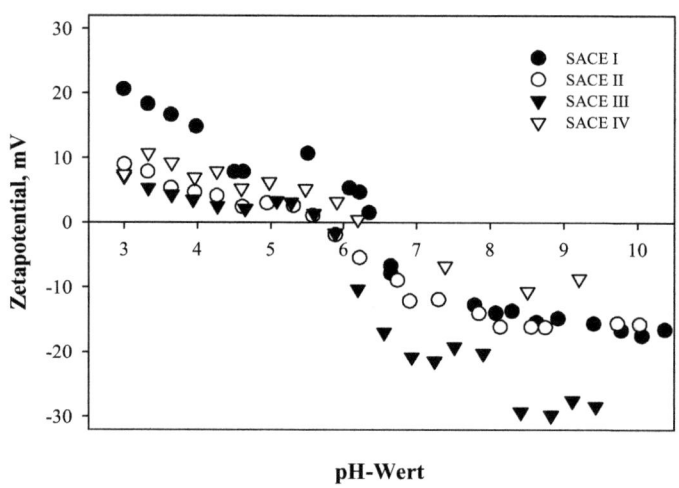

Abbildung 4-39: Zetapotentialverläufe der magnetischer PVAc-Partikel nach Funktionalisierung mit stark sauren Kationenaustauschergruppen (SACE I - IV); Medium VE-Wasser, Titration mit 0,01M HCl bzw. NaOH

In Abbildung 4-39 sind die Zetapotentialmessungen der PVAc-Partikel mit stark sauren Kationenaustauschergruppen dargestellt. Alle vier Partikeltypen besitzen einen isoelektrischen Punkt zwischen pH 5,5 und 6,5 und unterscheiden sich damit deutlich von den umfunktionalisierten PVAc-Partikeln, deren isoelektrischer Punkt bei einem pH-Wert von ca. 4 liegt (siehe Abbildung 4-21). Diese Verschiebung des IEP hin zu höheren pH-Werten ist überraschend, da Sulfonsäure-Gruppen spätestens für pH-Werte > 3 dissoziiert vorliegen und damit eine negative Ladungen aufweisen. Der Zetapotentialverlauf der SACE-Partikeln lässt sich daher allein durch die Einführung von Sulfonsäure-Gruppen nicht erklären. Als Grund für die Verschiebung wird daher vermutet, dass die zum Aufbau des Spacers über Hexamethylendiamin eingebrachten

Aminogruppen im Verlauf der weiteren Funktionalisierung nicht vollständig abreagiert sind. Die SACE-Partikel würden in diesem Falle an ihrer Oberfläche über Aminogruppen verfügen, die bei niedrigen pH-Werten zunehmend positive Ladungen tragen und somit die negative Ladung der Sulfonsäuregruppe neutralisieren bzw. bei pH < 6 sogar übertreffen.

4.2.3.2 Einfluss des pH-Werts

Wie im Falle der PVAc-Partikel mit Cibacron Blue Funktionalisierung wurde der Einfluss des pH-Werts auf die Bindung von Lysozym auch für die Partikel des Typs SACE im Bereich von pH = 4 bis 8 untersucht. Wie aus Abbildung 4-40 zu entnehmen, konnten die höchsten Beladungen von bis zu 160 mg/g auch in diesem Fall bei einem pH-Wert von 8 erzielt werden. Sorptionsversuche bei pH-Werten des Bindepuffers von pH = 6 bzw. 4 führten dagegen zu einer deutlichen Absenkung der Bindekapazität, wobei im Fall von pH = 4 nur noch eine Maximalbeladung von ca. 70 mg/g erreicht werden konnte. Auch der Vergleich der Langmuirkonstanten K_d signalisiert eine starke Abnahme der Partikelaffinität gegenüber Lysozym bei einem pH-Wert von 4. Ausgehend von K_d-Werten von 0,02-0,01g/l bei pH 8 und pH 6 steigt der K_d-Wert bei pH 4 deutlich auf 0,25 g/l.

Diese Beobachtungen widersprechen zunächst den Erwartungen, da die Sulfonsäure-Gruppen im gesamten untersuchten pH-Bereich vollständig dissoziiert vorliegen sollten und Lysozym für pH-Werte < 10 positiv geladen ist, wobei die positive Ladung mit abnehmendem pH-Wert sogar zunimmt. Im Falle handelsüblicher stark saurer Kationenaustauscher wäre daher mit abnehmendem pH-Wert mit einer zunehmend starken Bindung von Lysozym zu rechnen. Wie im vorhergehenden Absatz aber bereits diskutiert, besitzen die Partikelchargen SACE I bis IV einen IEP von ca. 6 und sind bei einem pH-Wert von 4 positiv geladen. Bei niedrigen pH-Werten weisen somit sowohl die SACE-Partikel als auch Lysozym eine positive Ladung auf und es kommt zu einer abstoßenden elektrostatischen Wechselwirkung und zu einer Verringerung der Sorptionskapazität der Mikrosorbentien.

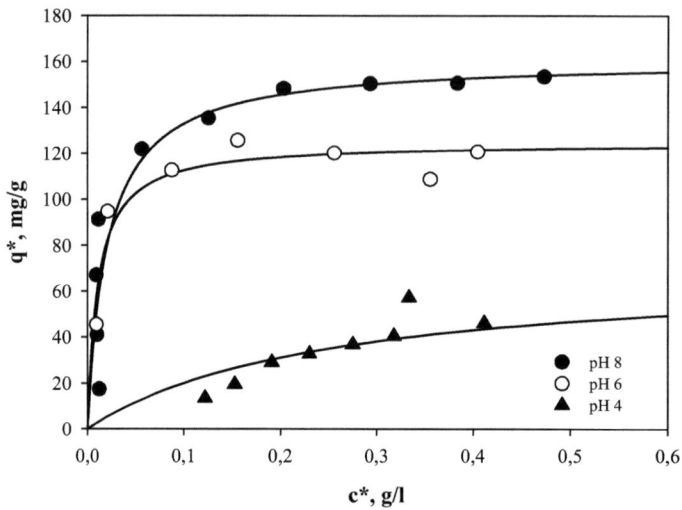

Abbildung 4-40: Einfluss des pH-Werts auf die Sorption von Lysozym an den mit Kationenaustauschergruppen funktionalisierten Mikrosorbentien (SACE I)

4.2.4 Verseifung von PVAc-Partikeln und Funktionalisierung mit Kationenaustauschergruppen

Die als Vorstufe der Funktionalisierung untersuchte Verseifung der Oberfläche von PVAc-Partikeln dient der Umwandlung der äußeren Estergruppen in primäre Hydroxylgruppen. Hierdurch wird zum einen eine neue reaktive und damit funktionalisierbare Gruppe an der Oberfläche eingeführt und zum anderen werden unerwünschte unspezifische Wechselwirkungen der Polymermatrix vermindert.

Die Verseifungsreaktion erfolgt durch Behandlung mit Natronlauge in einer Methanol/Wasser Lösung (siehe Kapitel 0), wodurch die Oberfläche der Polyvinylacetatpartikel in Polyvinylalkohol umgewandelt wird. An der entstandenen Alkoholgruppe wurden drei verschiedene Spacerarme aufgebaut und anschließend mit einer Kationenaustauschergruppe (Sulfonsäure) weiter funktionalisiert. Zusätzlich wurden eine weitere Charge der verseiften Partikel nach einem Grafting-Verfahren mit Acrylsäure mit einer schwach sauren Kationenaustauscherfunktionalität (Typ WACE) versehen (siehe Tabelle 3-7 sowie Abbildung 7-6 in Anhang 7.2.2).

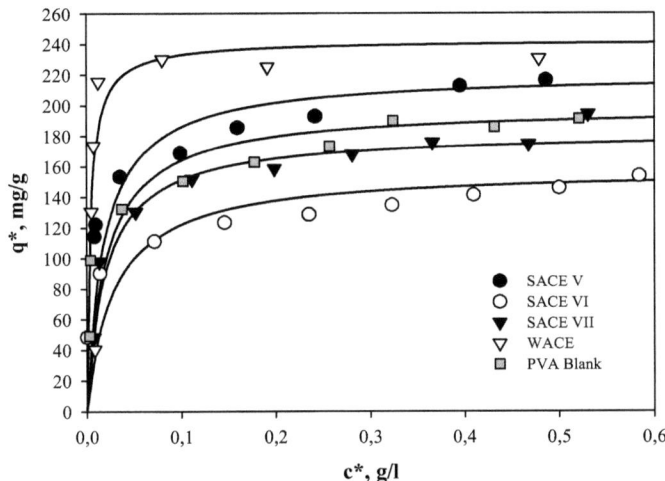

Abbildung 4-41: Sorptionsisothermen von Lysozym für mit NaOH verseifte und mit Sulfonsäuregruppen (SACE) bzw. Polyacrylsäure (WACE) funktionalisierte PVAc-Partikel.

Wie in den vorhergehenden Fällen wurden die vier verseiften und anschließend funktionalisierten Partikelchargen hinsichtlich ihrer Sorptionseigenschaften gegenüber Lysozym verglichen. Abbildung 4-41 zeigt die entsprechenden Sorptionsisothermen der Chargen (SACE-V, SACE-VI, SACE-VII und WACE) sowie als Vergleich eine Isotherme der reinen verseiften PVAc-Partikel (PVA-Blank). In Tabelle 4-11 sind die ermittelten Langmuirkonstanten zusammengefasst. Als beste Variante der Funktionalisierung mit stark sauren Kationenaustauschergruppen erweist sich die Funktionalisierung mit 2-Chlorethansulfonsäure (SACE V), die eine maximale Beladung von 220 mg/g und einen K_d-Wert von ca. 0,028 g/l erreicht. Unerwarteterweise zeigen jedoch auch die lediglich verseiften PVAc-Partikel ein ausgeprägtes Sorptionsverhalten für Lysozym.

Die mit Abstand höchste Affinität für Lysozym zeigen die Partikel mit schwach sauren Kationenaustauschergruppen (WACE). Eine mögliche Erklärung hierfür ist die Tatsache, dass durch das Grafting nicht nur einzelne Liganden an die Oberfläche gekoppelt wurden, sondern dass es zur Ausbildung sogenannter Tentakeln aus Polyacrylsäure mit zahlreichen aneinandergereihten Carboxylgruppen kommt. Die hierdurch bedingte hohe Ladungsdichte und Flexibilität der Liganden führt zu einer starken Bindung des positiven Lysozyms.

ERGEBNISSE UND DISKUSSION

Tabelle 4-11: Vergleich der Langmuirparameter der Lysozymisothermen für mit stark und schwach sauren Kationenaustauschergruppen funktionalisierte PVA-Partikel

	SACE V	SACE VI	SACE VII	WACE	PVA-Blank
q_{max}, mg/g	220	157	182	242	198
q_{max}, µmol/g	15,5	11,1	12,8	17,2	13,9
K_d, g/l	0,028	0,029	0,020	0,004	0,02
K_d, µmol/l	1,97	2,04	1,40	0,28	1,40
q_{max}/K_d, l/g	7,9	5,4	9,1	60,5	9,9

4.2.5 Silangecoatete Magnetit-Nanopartikel mit Kationenaustauschergruppen

Im Falle der mit Silan gecoateten Magnetit-Nanopartikel erfolgte die Ankopplung der Spacer an die über APTES eingeführten Aminogruppen. Als Endgruppe zur Einbringung einer Kationenaustauscherfunktionalität diente wiederum Sulfonsäure (siehe Kapitel 3.5.2). Abbildung 4-42 zeigt die ermittelten Sorptionsisothermen für drei, ausgehend von der Partikelcharge MS5 (siehe Kapitel 4.1.5), unterschiedliche Funktionalisierungsvarianten sowie für die reinen amniosilanisierten Magnetit-Nanopartikel (MS5-Blank). In der Abbildung 4-42 sind die zugehörigen Langmuirkonstanten zusammengefasst.

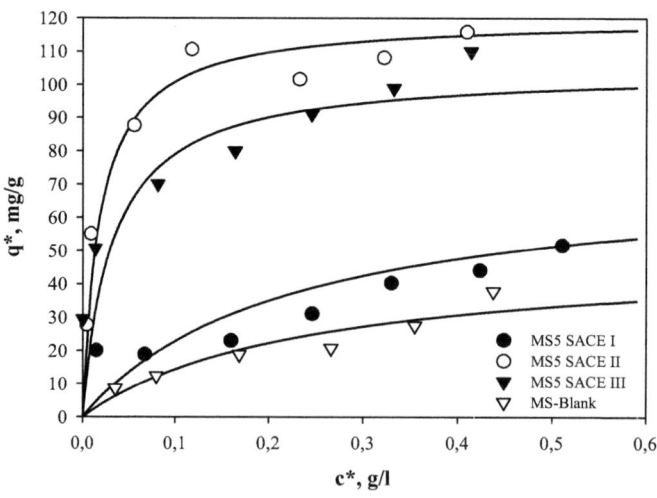

Abbildung 4-42: Sorptionsisothermen von Lysozym an kationenaustauschaktive Magnetit-Nanopartikel der Typen MS5 SACE I bis III (siehe Kapitel 3.5.2)

Wie aus Abbildung 4-42 zu entnehmen, erreichen die unfunktionalisierten, aminosilanisierten Magnetit-Nanopartikel eine theoretische Maximalbeladung von 49 mg Lysozym pro Gramm Partikel. Durch Einführung von über Spacer gekoppelten Sulfonsäuregruppen kann diese Kapazität und insbesondere auch die Affinität der Partikel aber stark verbessert werden und erreicht für die Partikelcharge MS5-SACE II (Funktionalisierung mit Hydroxymethansulfonsäure über einen Glutardialdehyd-Spacer) eine maximale Beladung von 120 mg/g.

Ein Vergleich der Anfangssteigung q_{max}/K_d der Isotherme mit entsprechenden Werten für PVAc-Partikel (siehe Tabelle 4-10) mit Sulfonsäure-Funktionalisierung macht aber klar, dass die Bindungsaffinität der Mikrosorbentien auf Basis von Magnetit-Nanopartikeln deutlich hinter der der Polymerpartikeln zurück bleibt.

Tabelle 4-12: Vergleich der Langmuirparameter der Lysozymisothermen für mit stark sauren Kationenaustauschergruppen funktionalisierten MS-Partikel

	MS5-SACE I	MS5-SACE II	MS5-SACE III	MS5-Blank
q_{max}, mg/g	74	120	104	49
q_{max}, µmol/g	5,2	8,5	7,3	3,5
K_d, g/l	0,225	0,019	0,032	0,243
K_d, µmol/l	15,9	1,3	2,3	17,1
q_{max}/K_d, l/g	0,3	6,3	3,2	0,2

4.2.6 Elutionsverhalten

Neben der Sorption besitzt das Elutionsverhalten der Zielproteine einen entscheidenden Einfluss auf den Erfolg einer Proteinaufreinigung. Aus diesem Grund wurde das Elutionsverhalten des Modelproteins Lysozym sowohl für die mit Cibacron Blue als auch für die mit Sulfonsäuregruppen (Kationenaustauscher) funktionalisierten magnetischen PVAc-Partikel untersucht. Als Elutionspuffer kamen dabei die in Kapitel 3.10.2 genannten Elutionspuffer zum Einsatz, wobei die Puffer über eine Erhöhung der Ionenstärke eine Schwächung der elektrostatischen Wechselwirkungen bewirken und zum Teil zusätzlich über die Verwendung von Substanzen wie Isopropanol eine Abschwächung der hydrophoben Wechselwirkungen. Die zu Beginn ebenfalls untersuchte Variante einer Elution über eine Absenkung des pH-Werts in den Bereich von pH 4 führte im Falle von Cibacron Blue funktionalisierten Mikrosorbentien zu einer Blaufärbung des Elutionsüberstandes, was auf den unerwünschten Verlust des Farbstoff-Liganden zurückzuführen war.

4.2.6.1 PVAc-Partikel mit Cibacron Blue Liganden

Abbildung 4-43 zeigt die erzielte Lysozymrückgewinnung (in %) für unterschiedliche mit Cibacron Blue funktionalisierte PVAc-Partikel unter Einsatz von drei Elutionsschritten (Elution 1: 1 M KSCN pH 8; Elution 2: 1 M NaSCN pH 8; Elution 3: 1 M KBr in 12% Isopropanol-20mM Phosphatpuffer, pH =8). Als „Blank" wurden umfunktionalisierte Polyvinylacetatpartikel (PVAc) verwendet, die aufgrund der negativen Oberflächenladung ebenfalls zu einer Bindung von Lysozym über elektrostatische Wechselwirkung in der Lage sind. Die Rückgewinnung (in %) berechnet sich aus dem Quotienten der eluierten Lysozymmenge bezogen auf die gesamte ursprünglich gebundene Lysozymmenge.

Die Untersuchungen ergaben Elutionseffizienzen nach drei Elutionsschritten von bis zu 97% bzw. 99% im Falle der Partikelvarianten „abad" und „abed" (siehe Tabelle 3-5), bei denen es sich um Varianten mit einer Kopplung des Cibacron Blue über die „Chlorgruppe" handelt. Andererseits lag die Elutionseffizienz bei Partikelvarianten mit den Spacerkonfigurationen „abd" und „ababd" nur bei knapp 90%. Die Ankopplung erfolgte in diesen Fällen über die Aminogruppe des Cibacron Blue. Vergleichbare Ergebnisse wurden bei der Anwendung von drei Elutionsschritten auch mit nur einem Typ von Elutionspuffer (Beispielsweise Elution 1 und 2 nur mit 1 M KSCN pH 8) festgestellt, so dass alle der drei vorgestellten Puffervarianten als geeignet erscheinen.

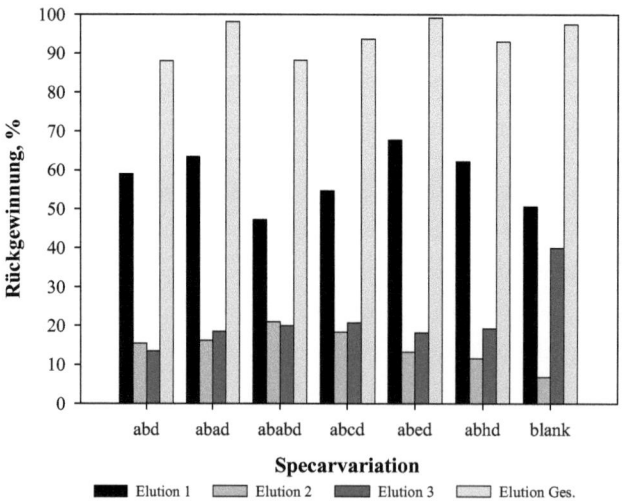

Abbildung 4-43: Untersuchung der Elution von an magnetischen Mikrosorbentien gebundenem Lysozym. Eingesetzt wurden verschiedene Varianten von mit Cibacron Blue funktionalisierten, magnetischen PVAc-Partikeln (Codierung siehe Tabelle 3-5). Als Elutionspuffer dienten: Elution 1: 1 M KSCN pH 8; Elution 2: 1 M NaSCN pH 8; Elution 3: 1 M KBr in 12% Isopropanol-20mM Phosphatpuffer

4.2.6.2 PVAc-Partikel mit Kationenaustauschergruppen

Die Elution von Lysozym von mit stark sauren Kationenaustauschergruppen (SACE I) funktionalisierten PVAc-Partikeln wurde für 20 mM Phosphatpuffer bei unterschiedlichen pH-Werten und unter Zugabe zwei verschiedener Salze (KSCN und NaCl) untersucht. In Abbildung 4-44 und Abbildung 4-45 sind die nach zwei Elutionsschritten unter Einsatz von 1M KSCN bzw. 1M NaCl erzielten Lysozymrückgewinnungen in % für drei pH-Werte (pH 4, 6 und 8) aufgetragen.

Wie aus den Abbildungen zu erkennen, ergaben sich je nach pH-Wert sehr unterschiedliche Lysozymrückgewinnungen. Im Falle der Elution von Lysozym mit 1M KSCN in Phosphatpuffer (Abbildung 4-44) lag die Rückgewinnung bei pH 6 und 8 bei ca. 50% nach dem ersten und bei weniger als 5% nach die zweiten Elutionsschritt. Im Vergleich dazu wurden bei pH 4 im ersten Schritt ca. 75% und im zweiten Schritt ca. 21% eluiert, d.h. insgesamt konnte eine Elutionseffizienz von 96% erreicht werden.

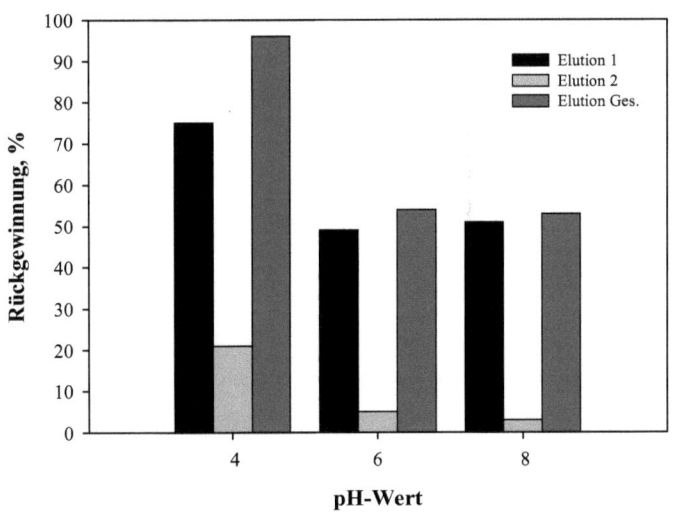

Abbildung 4-44: Einfluss des pH-Werts auf die Elution von an magnetische PVAc-Partikel des Typs SACE I gebundenem Lysozym. Elutionspuffer: 20 mM Phosphatpuffer, 1M KSCN

Ein qualitativ vergleichbares Bild wurde bei Verwendung von 1M NaCl erhalten (Abbildung 4-45). Allerdings waren die Rückgewinnungsraten bei pH 4 etwas geringer, 64% beim ersten und 19% beim zweiten Elutionsschritt, so dass in der Summe nur 83% erreicht wurden. Eine Erklärung für den beobachteten pH-Effekt findet sich in der Änderung des Zetapotential der Partikel. Wie in Abbildung 4-39 gezeigt werden konnte, haben die Kationenaustauscher-Partikel, ebenso wie Lysozym, bei pH 4 eine positiv geladene Oberfläche. Aufgrund der hierdurch auftretenden abstoßenden elektrostatischen Wechselwirkung kommt es zu einer verbesserten Desorption. Demgegenüber sind die SACE I PVAc-Partikel bei einem pH-Wert von 6 nah an ihrem isoelektrischen Punkt und bei einem pH-Wert von 8 besitzen die Partikel eine negative Oberflächenladung, was eine Elution erschwert.

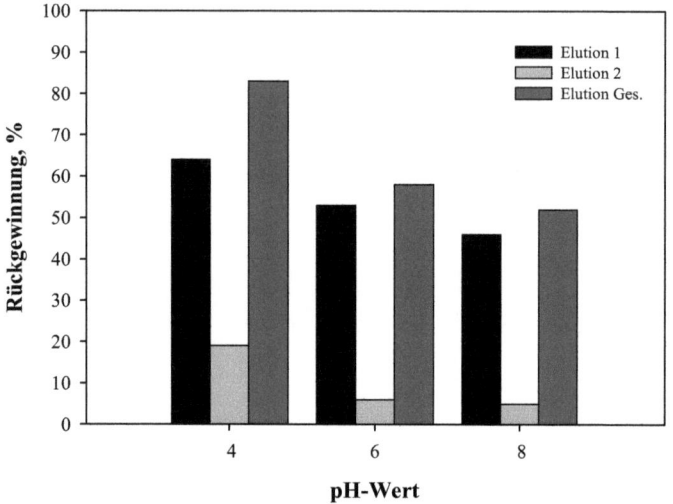

Abbildung 4-45: Einfluss des pH-Werts auf die Elution von an magnetische PVAc-Partikel des Typs SACE I gebundenem Lysozym. Elutionspuffer: 20 mM Phosphatpuffer, 1M NaCl

4.2.7 Wiederverwendbarkeit der magnetischen Mikrosorbentien

Eine Wiederverwendbarkeit der magnetischen Sorbentien ist für ihre technische Anwendung eine unabdingbare Voraussetzung. Ein nur einmaliger Einsatz der Partikeln würde zu hohen Kosten für den Ersatz und damit einem unwirtschaftlichen Betriebs führen. In Abbildung 4-46 ist die Wiederverwendbarkeit der SACE I PVAc Mikrosorbentien über zehn Zyklen dargestellt, wobei die gebundene Lysozymmenge pro Gramm Partikel über die Sorptionszyklen aufgetragen wurde. Da aufgrund des bei jeder Separation unvermeidlichen, wenn auch geringen, Partikelverlusts die verfügbare Gesamtkapazität etwas zurückgeht, wurden neben den unmittelbaren Messwerten auch die um diesen Massenverlust korrigierten Beladungen aufgetragen. Der Verlauf der unkorrigierten Beladungswerte spiegelt somit den realen Rückgang der Sorptionskapazität des Verfahrens wieder, wenn die während der Separation verlorenen Partikel nicht ersetzt werden. Die um den Massenverlust korrigierten Werte sind dagegen ein Maß für den Kapazitätsverlust einzelner Partikel, wobei der Verlust z.B. durch unvollständige Elution oder den Verlust von Liganden verursacht werden kann.

Ausgehend von einer anfänglichen Lysozymbindekapazität der SACE I Mikrosorbentien von 140 mg/g nimmt diese bereits im zweiten Zyklus auf ca. 100 mg/g ab, verbleibt aber in den darauf folgenden Zyklen (Z3 bis Z10) konstant auf diesem Niveau. Der anfängliche Kapazitätverlust beträgt knapp 30% und ist vermutlich auf unter den gewählten Bedingungen nicht eluierbare Sorptionsplätze zurückzuführen. Wird der in jeder Separation auftretende Partikelverlust nicht berücksichtig (graue Balken in Abbildung 4-46) sinkt die rechnerische Lysozymbindekapazität kontinuierlich ab und erreicht nach zehn Zyklen einen Wert 63 mg/g, entsprechend einem Kapazitätsverlust von 55%.

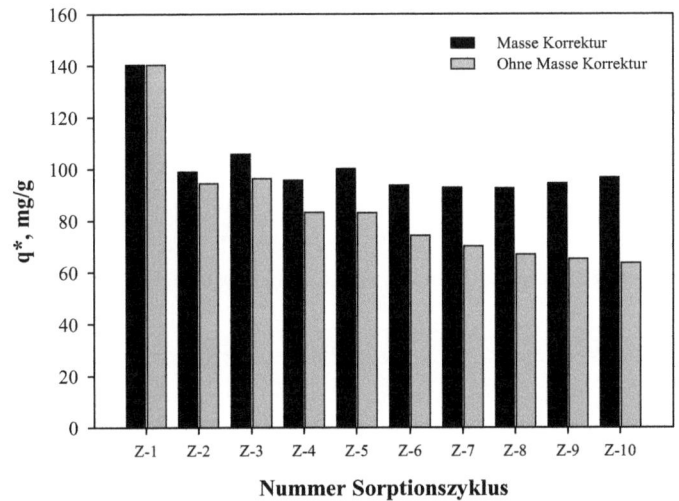

Abbildung 4-46: Verlauf der erreichten Lysozymbeladung der magnetischen Mikrosorbentien SACE I über zehn Aufreinigungszyklen mit und ohne Berücksichtigung des Partikelverlusts (4,5% pro Zyklus)

Wie in Kapitel 3.10.2 beschrieben, umfasst jeder Zyklus fünf Separationsvorgänge (1 Binde-, 2 Elutions- und 2 Waschschritte), wobei der Partikelverlust pro Separationsvorgang mit einem Handmagneten knapp 1% beträgt. Die noch folgende Besprechung der Versuche zur Proteinaufreinigung und damit auch zur Partikelseparation in einer gerührten magnetfeldüberlagerten Drucknutsche zeigen ein Ausmaß des Partikelverlusts durch die Filtermembran, das gleich oder geringer ist als die hier besprochene Separation im Labormaßstab. Versuche früherer Arbeiten mit technischen Hochgradienten-Magnetfiltern ergaben Partikelverluste < 0,3% pro Separation [107]. Insgesamt scheint die Wiederverwendbarkeit magnetischer Mikrosorbentien im Falle geeigneter Elutionsbedingungen auch über zahlreiche Zyklen gegeben und die tatsächliche Anzahl an Betriebszyklen, für die ein Partikel genutzt werden kann, wird vielmehr durch die Effizienz der Partikelseparation und damit der Partikelrückführung bestimmt.

4.3 Konkurrierende Proteinsorption

Biomoleküle liegen zu Beginn eines Aufreinigungsverfahrens grundsätzlich in einer Mischung zahlreicher Komponenten, der Biorohsuspension, vor. Bei der Modellierung und Vorhersage von Sorptionsverfahren für ein Zielprotein ist daher die Konkurrenz zusätzlich enthaltener Proteine aber auch anderer Moleküle bezüglich der verfügbaren Sorptionsplätze zu berücksichtigen. In der Regel liegt häufig ein „Haupt"-Konkurrenzprotein in der Lösung vor [84] und die konkurrierenden Proteine lassen sich idealerweise hinsichtlich ihrer Adsorptionsparameter als eine zweite Komponente zusammenfassen. Bei dem in dieser Arbeit benutzten Modellsystem (Hühnereiweiß) konkurriert Lysozym grundsätzlich mit Ovalbumin, das sich mit einer viel höheren Konzentration im Eiweiß befindet (siehe Absatz 3.8.3).

Ziel der im Folgenden beschriebenen Versuche war es daher zu untersuchen, in wie weit die synthetisierten magnetischen Mikrosorbentien die Sorption von Lysozym gegenüber der von Ovalbumin bevorzugen. Außerdem wurde überprüft, in wie weit die experimentellen Ergebnisse der Sorptionsgleichgewichte dieses Zweistoffsystems mit dem in Absatz 2.13.2 angeführten Gleichungssystem vorhergesagt werden können. Als Modell für die Beschreibung der Sorption in einem zwei Komponentensystem wurde das Modell von Butler-Ockrent [91] verwendet. Hierzu ist es notwendig, die Einstoffsorptionsparameter der magnetischen Mikrosorbentien für die Proteine Lysozym und Ovalbumin zu kennen (siehe Absatz 4.2.3 und 4.3.1). Die Sorptionsexperimente mit Proteingemischen erfolgten nach der in Kapitel 3.10.3 beschriebenen Vorgehensweise, wobei Mischungen mit Lysozym zu Ovalbumin Verhältnissen von 1:1 und 1:15 zum Einsatz kamen. Als Sorbens dienten magnetische PVAc-Partikel des Typs SACE I. Vor den Ergebnissen der Konkurrenzuntersuchungen zwischen Lysozym und Ovalbumin werden jedoch zunächst die an dieser Stelle noch unbekannten Sorptionseigenschaften der magnetischen Mikrosorbentien bezüglich des Proteins Ovalbumin besprochen.

4.3.1 Sorption von Ovalbumin an magnetische Mikrosorbentien

Abbildung 4-47 zeigt die Sorptionsisothermen des Proteins Ovalbumin an magnetischen PVAc-Partikeln der Typen SACE I und WACE. Die Ermittlung der Sorptionsisothermen erfolgte dabei unter den gleichen Bedingungen wie die Sorptionsexperimente mit Lysozym, d.h. als Bindepuffer diente ein 20mM Phosphatpuffer pH 8.

Wie in Abbildung 4-47 zu erkennen, ergeben sich für beide Partikeltypen sehr flache

Isothermenverläufe, d.h. die Affinität der kationenaustauschaktiven Mikrosorbentien gegenüber dem bei pH=8 anionischen Ovalbumin ist erwartungsgemäß gering. Die Tatsache, dass es überhaupt zu einer merklichen Sorption an Ovalbumin kommt, deutet auf unspezifische Wechselwirkungen mit der Polymermatrix oder den verwendeten Spacern hin.

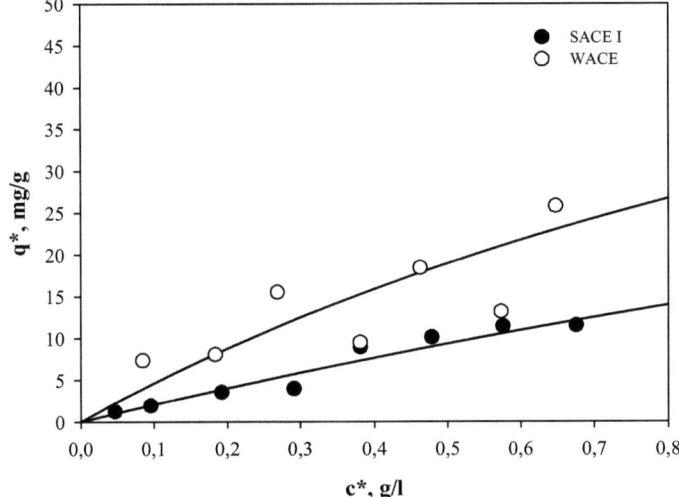

Abbildung 4-47: Sorptionsisothermen von Ovalbumin an die mit stark sauren Kationenaustauschergruppen (SACE I) und schwach sauren Kationenaustauschergruppen (WACE) funktionalisierten magnetischen PVAc-Partikel

Tabelle 4-13 enthält die durch Regressionsrechnung bestimmten und für das Butler-Ockrent-Modell benötigten Langmuirkonstanten der Einstoffsorption von Ovalbumin an die magnetischen Mikrosorbentien SACE I und WACE.

Tabelle 4-13: Langmuirkonstanten der Sorption von Ovalbumin an magnetische Mikrosorbentien der Typen SACE I und WACE.

	SACE I	WACE
q_{max}, mg/g	79	84
q_{max}, µmol/g	1,77	1,87
K_d, g/l	3,76	1,72
K_d, µmol/l	83,7	38,2
q_{max}/K_d, l/g	0,02	0,05

4.3.2 Untersuchung der Konkurrenzsorption von Lysozym und Ovalbumin

In einer ersten Versuchsreihe wurde die Konkurrenzsorption von Lysozym und Ovalbumin an magnetische Mikrosorbentien des Typs SACE I bei einem Konzentrationsverhältnis der Proteine von 1:1 untersucht. Die Ergebnisse sind in Abbildung 4-48 in Form eines SDS-PAGE Gels der für verschiedene Partikelkonzentrationen resultierenden Überstände dargestellt (experimentelle Durchführung siehe Kapitel 3.10.3). Abbildung 4-49 zeigt die entsprechende Auftragung für eine Versuchsreihe mit einem Konzentrationsverhältnis Lysozym zu Ovalbumin von 1:15.

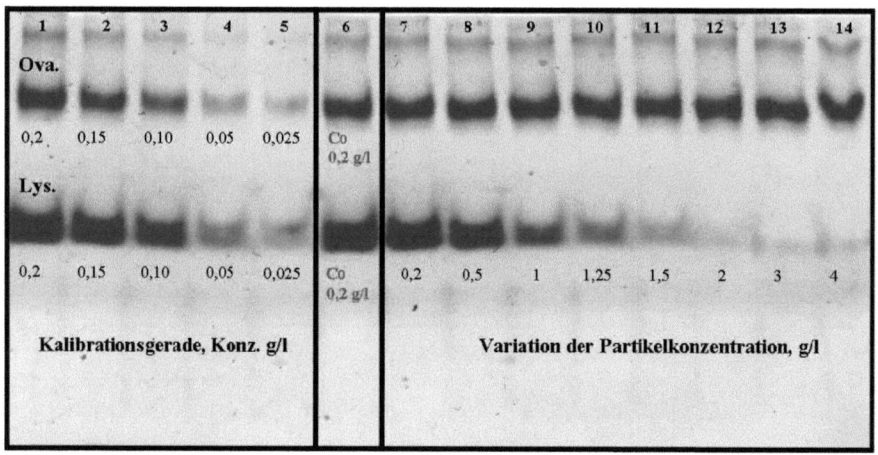

Abbildung 4-48: SDS-PAGE der bei konkurrierender Sorption von Lysozym und Ovalbumin an Mikrosorbentien des Typs SACE I resultierenden Überstände. Ausgangskonzentration der Proteine jeweils 0,2 g/l (Verhältnis 1 : 1). Linie 1 bis 5: Proteinstandards (0,2 bis 0,025 g/l) zur Kalibrierung der densitometrischen Auswertung. Linie 6: Versuchslösung ohne Partikelzugabe. Linie 7 bis 14: Überstand der Sorptionsversuche mit steigender Partikelkonzentration (0,2 bis 4 g/l)

In beiden Gelen ist deutlich zu erkennen, wie mit steigender Partikelkonzentration die Intensität der Lysozymbanden bei 14,2 kDa immer geringer wird und wie sie sich die Ovalbuminbande bei 45 kDa kaum verändert. Die Abnahme der Lysozymkonzentration im Überstand korrespondiert mit einer entsprechenden Bindung des Proteins an die magnetischen Mikrosorbentien. Diese Bindung wird dabei auch von einem starken Überschuss des konkurrierenden Ovalbumins praktisch nicht beeinflusst (siehe Abbildung 4-49).

Abbildung 4-50 zeigt die durch densitometrische Auswertung der Gele und Anwendung der Massenbilanzen ermittelten Lysozymbeladungen im Gleichgewicht (Symbole) bei Verwendung von unterschiedlichen Partikelkonzentrationen des Partikeltyps SACE I für die ausgewählten Verhältnisse (1 : 1 und 1 : 15) von Lysozym zu Ovalbumin. Als gestrichelte graue Linien sind zudem die nach Butler und Ockrent vorhergesagten Isothermen eingezeichnet. Die punktierten

Linien beschreiben die durch Anpassungsrechnung ermittelten, scheinbaren Langmuirisothermen für Lysozym im Falle der Konkurrenzsorption und die durchgezogene schwarze Linie entspricht der Einstoffisotherme für Lysozym ohne Konkurrenz (siehe Tabelle 4-10).

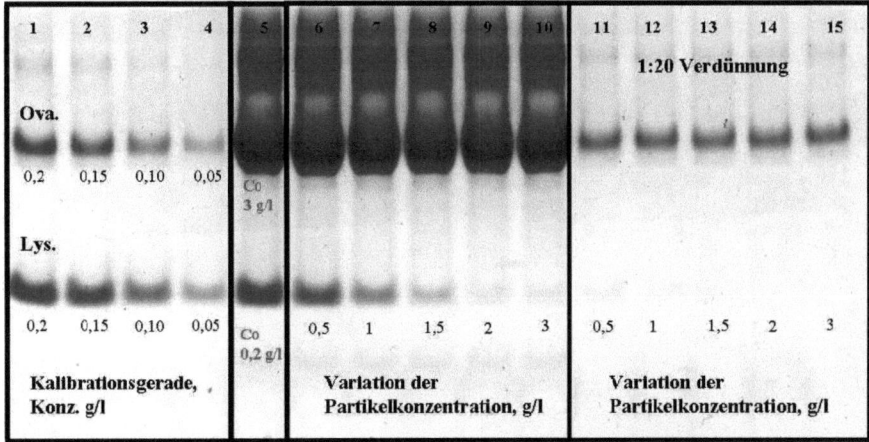

Abbildung 4-49: SDS-PAGE der bei konkurrierender Sorption von Lysozym und Ovalbumin an Mikrosorbentien des Typs SACE I resultierenden Überstände. Ausgangskonzentration der Proteine Lysozym 0,2 g/l, Ovalbumin 3 g/l (Verhältnis 1 : 15). Lini9e 1 bis 4: Proteinstandards (0,2 bis 0,05 g/l) zur Kalibrierung der densitometrischen Auswertung. Linie 5: Versuchslösung ohne Partikelzugabe. Linie 6 bis 10: Überstand der Sorptionsversuche mit steigender Partikelkonzentration (0,5 bis 3 g/l), Linie 11 bis 15: 1:20 Verdünnung des Überstands der Sorptionsversuche

Aus der Darstellung ist trotz einiger Streuungen der Messwerte aus der densitometrischen Auswertung zu erkennen, dass im Falle eines Lysozym zu Ovalbumin Verhältnisses von 1:1 die Sorption von Lysozym nur geringfügig beeinträchtigt wird. Im Falle eines fünfzehnfachen Überschusses von Ovalbumin in der Ausgangslösung kommt es jedoch zu einer deutlichen Abflachung des Isothermenverlaufs, d.h. die bei diesen Konzentrationen recht hohe Beladung der Mikrosorbentien mit Ovalbumin hemmt die Anbindung von Lysozym merklich.

Das Ausmaß der Beeinträchtigung der Sorption wird dabei durch das Butler-Ockrent Modell nur unzureichend beschrieben. Die Ursache hierfür wird vermutlich in der Tatsache begründet, dass die beiden Proteine nicht, wie in dem Modell angenommen, um die gleichen Sorptionsplätze konkurrieren, sondern dass sich Ovalbumin unspezifisch anlagert und die Sorption von Lysozym wahrscheinlich sterisch behindert. Eine bessere Beschreibung der experimentellen Ergebnisse gelingt durch die Berechnung einer scheinbaren oder effektiven Langmuirisotherme über Anpassungsrechnung. Die Rechnung muss aber für jedes Ausgangskonzentrationsverhältnis neu durchgeführt werden und erlaubt keine Vorhersage im Falle neuer Versuchsbedingungen. Dennoch bietet diese Beschreibung ein nützliches Hilfsmittel für z.B. das Scale-up von Sorptionsversuchen und Tabelle 4-14 liefert die scheinbaren Langmuirparameter für die untersuchten Lysozym zu Ovalbumin Verhältnisse von 1:1 und 1:15.

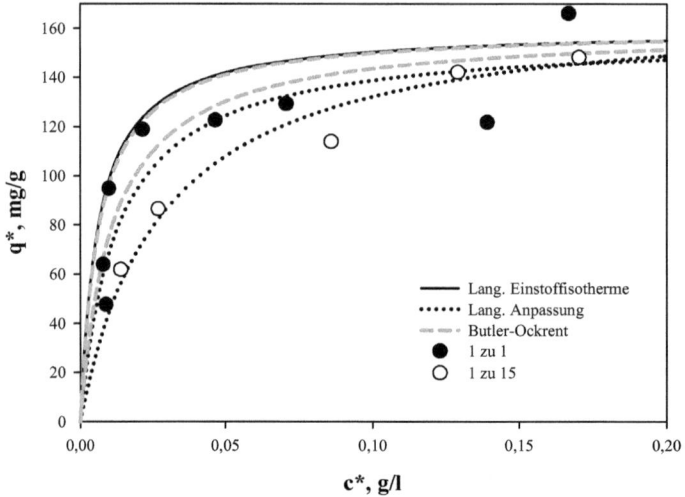

Abbildung 4-50: Vergleich der experimentellen und berechneten Lysozymsorption an magnetische Mikrosorbentien des Typs SACE I bei Einsatz von Modelllösungen mit Lysozym zu Ovalbuminverhältnissen von 1:1 bzw. 1:15. Berechnung der Lysozymsorption nach Butler-Ockrent sowie nach Langmuir (Langmuirparameter aus Einstoffversuchen oder durch Anpassungsrechnung)

Tabelle 4-14: Durch Anpassungsrechnung ermittelte scheinbare Langmuirparameter der Sorption von Lysozym an magnetische Mikrosorbentien des Typs SACE I bei unterschiedlichen Lysozym zu Ovalbumin Verhältnissen in der Ausgangslösung.

Startverhältnis Lys./Ova.	Einzelstoffisotherme	1 zu 1	1 zu 15
q_{max}, mg Lys./g	160	157	170
K_d, g/l	0,006	0,013	0,029

In Abbildung 4-51 sind die nach Butler-Ockrent zu erwartenden und experimentell bestimmten Ausbeuten für Lysozym über die Variation der Partikelkonzentration der magnetischen Mikropartikel aufgetragen. Wie zu erkennen treffen die vorgesagten Ausbeuten die experimentellen Werte gut und es lässt sich erkennen, dass unter den gewählten Bedingungen für Ausbeuten > 90 eine Partikelkonzentration von 1,5 g/l (Verhältnis 1:1) bzw. 2,5 g/l (Verhältnis (1:15) eingesetzt werden sollte.

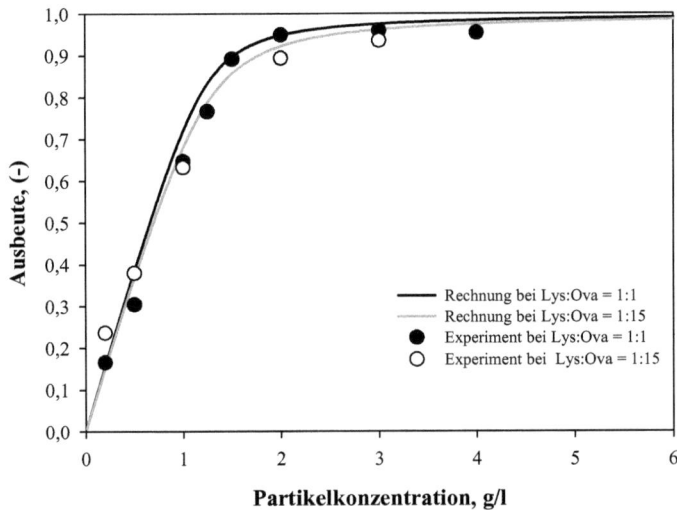

Abbildung 4-51: Vergleich der theoretischen und gemessenen Lysozymausbeuten im Falle der Sorption von Lysozym an magnetische Mikrosorbentien des Typs SACE I bei unterschiedlichen Lysozym zu Ovalbumin Verhältnissen in der Ausgangslösung.

4.3.3 Untersuchung der Sorption von Lysozym aus Hühnereiweiß

Für die Untersuchungen zur Proteinsorption aus realem Hühnereiweiß wurde dieses zunächst nach der in Kapitel 3.8.3 beschriebenen Methode von Ovomucin befreit und im Verhältnis 1:10 mit VE-Wasser verdünnt. Als magnetische Mikrosorbentien wurden magnetische Mikrosorbentien des Typs SACE I verwendet. Die Gesamtproteinkonzentration der Versuchslösung betrug ca. 12,2 g/l. Die Bestimmung der Lysozymkonzentration der Proben wurde durch eine densitometrische Auswertung entsprechender SDS-Page Gele ermittelt (siehe Kapitel 3.9.3).

In Abbildung 4-52 ist das Ergebnis der Aufreinigung von Lysozym aus einer verdünnten Hühnereiweißlösung in Form eines SDS-Page Gels dargestellt. Die Linien 1 bis 5 zeigen zur Kalibration der Densitometrie verwendete reine Lysozymstandards, Linie 6 zeigt die Ausgangslösung, wobei diese zur genaueren Bestimmung der Lysozymkonzentration nochmals 1:3 mit VE-Wasser verdünnt wurde. Die ermittelte Lysozymkonzentration in der Ausgangslösung beträgt 0,22 g/l. Die Linien 7 bis 12 zeigen die Ergebnisse aus Überständen von Proben, in denen zur Ausgangslösung eine steigende Partikelkonzentration zugegeben wurde.

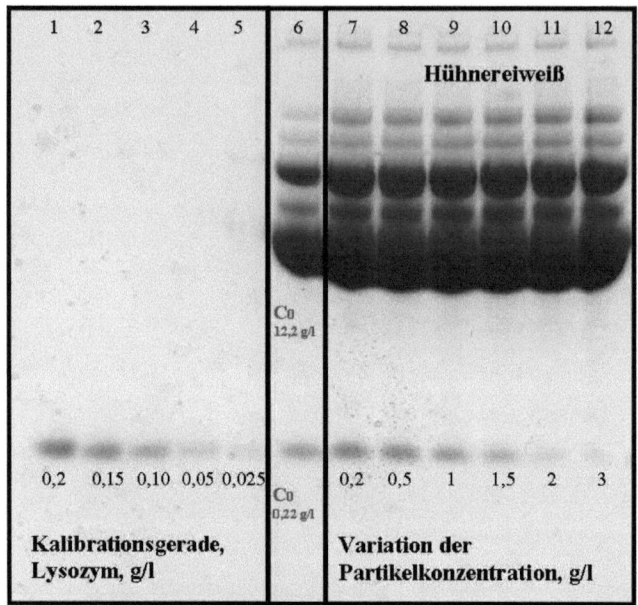

Abbildung 4-52: SDS-Page der Lysozymsorption aus Hühnereiweiß (verdünnt 1 : 10) durch Einsatz magnetischer Mikrosorbentien vom Typ SACE I. Linie 1 bis 5: Proteinstandards (0,2 bis 0,025 g/l) zur Kalibrierung der densitometrischen Auswertung. Linie 6: Versuchslösung ohne Partikelzugabe (Verdünnung 1:3). Linie 7 bis 12: Überstand der Sorptionsversuche mit steigender Partikelkonzentration (0,2 bis 3 g/l)

Die Ergebnisse der Proteinbestimmung sowie die berechneten Gleichgewichtsbeladungen und Bindungsausbeuten sind in Tabelle 4-15 zusammengefasst. In dem dargestellten Gel ist deutlich zu erkennen, dass die Konzentration an Lysozym gegenüber den anderen Proteinen der Ausgangslösung deutlich geringer ist. Wie erhofft sinkt die Intensität der Lysozymbanden mit steigender Partikelkonzentration in den Proben, d.h. trotz des starken Überschusses an anderen Proteinen zeigen die Partikel vom Typ SACE I eine gute Affinität gegenüber dem Zielprotein.

Abbildung 4-53 zeigt eine Auftragung der ermittelten Lysozymbeladungen im Vergleich zum Verlauf der Einzelstoffisotherme (q_{max} = 160 mg/g; K_d = 0,0064 g/l). Wie zu erkennen sinkt die nutzbare Sorptionskapazität der Mikrosorbentien SACE I bei der Aufreinigung von Lysozym aus einer 1:10 verdünnten Hühnereiweißlösung auf ca. 80 mg/g ab. In Anbetracht der starken Konkurrenz zahlreicher anderer Proteine im Überschuss und im Vergleich zu „Reinstoff"-Lysozymkapazitäten kommerzieller Chromatografiematerialien im Bereich von ca. 50 – 120 mg/g ist dieser Wert jedoch beachtlich und für eine technische Nutzung ausreichend.

ERGEBNISSE UND DISKUSSION

Tabelle 4-15: Zusammenfassung der Aufreinigung von Lysozym aus Hühnereiweiß durch Einsatz magentischer Mikrosorbentien vom Typ SACE I bei Variation der Partikelkonzentration

Linie	Partikelkonz., g/l	Lys. Konz., g/l	Beladung, q* mg/g	Ausbeute, %
6	-	0,22	-	-
7	0,2	0,152	128	30%
8	0,5	0,139	76	35%
9	1	0,095	80	56%
10	1,5	0,061	77	72%
11	2	0,024	63	89%
12	3	0,013	50	94%

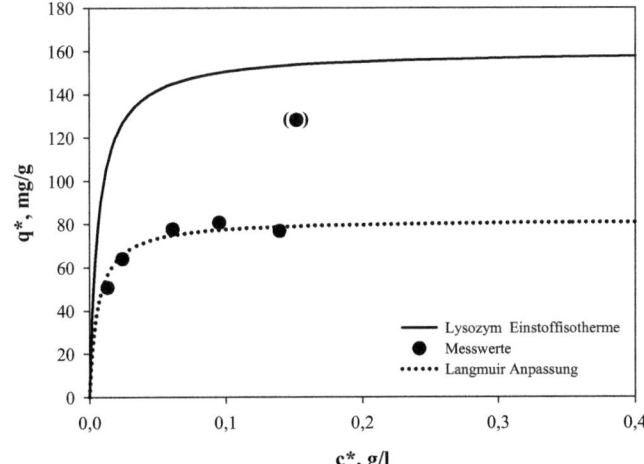

Abbildung 4-53: Vergleich der Einstoffisotherme für Lysozym und die Messwerte nach der Aufreinigung von Lysozym aus Hühnereiweiß. Mikrosorbentien SACE I

Abbildung 4-54 vergleicht die experimentell erzielten Bindungsausbeuten in Abhängigkeit der eingesetzten Partikelkonzentration mit nach dem Modell von Butler und Ockrent vorhergesagten Werten.

Die Rechnung geht dabei von der Annahme aus, dass alle im Hühnereiweiß vorhandenen Proteine (siehe Tabelle 3-9) als Ovalbumin angesehen werden können, d.h. für die Rechnung wurden die gemessene Proteingesamtkonzentration sowie die Langmuirparameter der Einzelstoffisotherme von

Ovalbumin genutzt (siehe Tabelle 4-13).

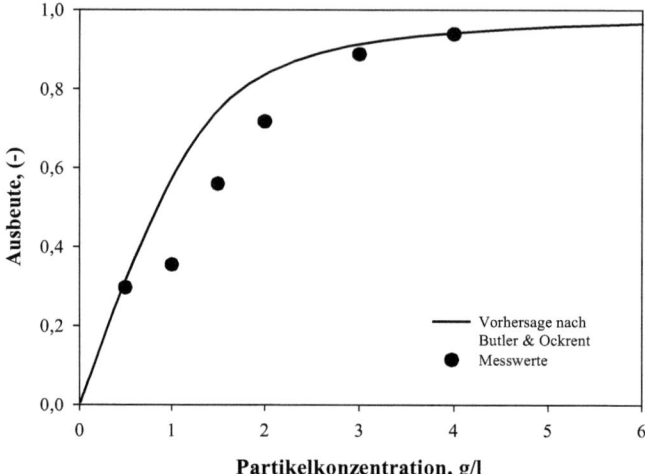

Abbildung 4-54: Vergleich der theoretischen und der gemessenen Bindungsausbeute für den Fall der Lysozymsorption aus Hühnereiweiß (verdünnt 1 : 10) durch Einsatz magnetischer Mikrosorbentien vom Typ SACE I

Wie zu erkennen, trifft die Rechnung trotz dieser stark vereinfachenden Annahme den tatsächlichen Verlauf der Ausbeute erstaunlich gut. Insbesondere für den technisch relevanten Fall von gewünschten Ausbeuten über 80 oder 90% erlaubt die Rechnung somit eine Vorhersage der benötigten Partikelmenge.

4.4 Aufreinigung von Lysozym aus Hühnereiweiß im Labormaßstab

Nach der Ermittlung der Sorptionseigenschaften magnetischer Mikrosorbentien für Lysozym als Einzelstoff, aus einem Zweistoffgemisch sowie aus Hühnereiweiß, wurde im Labormaßstab (Eppendorf-Cup) das Gesamtverfahren der Aufreinigung des Proteins aus Hühnereiweiß untersucht. Hierzu wurden die Mikrosorbentien mit Hühnereiweißlösung kontaktiert, nach der Sorption gewaschen sowie mit 1M KSCN in Phosphatpuffer (20 mM, pH 4) und 1M KBr, 20 %iger Isopropanollösung in Phosphatpufferlösung (20 mM, pH 4) eluiert. Für die Untersuchung wurden eine 1:4 verdünnte Hühnereiweißlösung sowie Mikrosorbentien des Typs WACE (schwach saure Kationenaustauscher) verwendet. Der Erfolg der Aufreinigung ist in Abbildung 4-55 in Form zweier SDS-Gele dargestellt. Aufgrund der geringeren Verdünnung der Ausgangslösungen wurde neben einer Partikelkonzentration der Mikrosorbentien von 2 g/l auch eine Partikelkonzentration von 10 g/l erprobt. Die Zuordnung zwischen den Versuchsproben und der Linien der Gele sind der

Abbildungsunterschrift zu entnehmen.

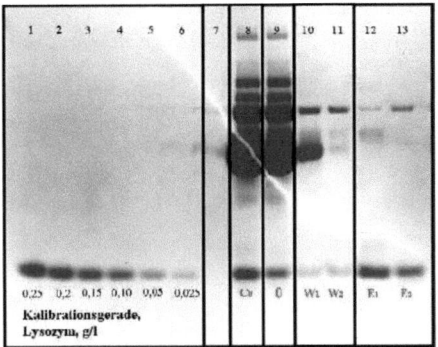
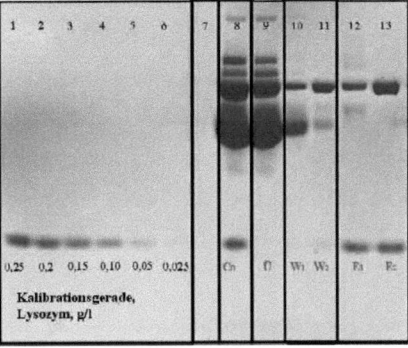

Gel A ($c_p = 2$ g/l)   Gel B ($c_p = 10$ g/l)

Abbildung 4-55: SDS-Page der Lysozymaufreinigung aus Hühnereiweiß (Verdünnt 1 : 4) unter Einsatz magnetischer Mikrosorbentien des Typs WACE. Linie 1 bis 6 Kalibrierungsgerade für Lysozym (0,2 bis 0,025 g/l). Linie 8 Ausgangkonzentrationen im Hühnereiweiß (1 zu 3 Verdünnt) Gesamtprotein (C_0) 35,5 g/l bzw. Lys. Konz. 0,56 g/l. Linie 9 Überstand. Linie 10 und 11 Waschfraktionen, Linie 12 und 13 Elutionsfraktionen (E1: 1 M KSCN in Phosphatpuffer (20 mM, pH 4); E2: 1M KBr, 20 %iger Isopropanollösung in Phosphatpufferlösung (20 mM, pH 4))

Die Gesamtproteinkonzentration der Ausgangslösung wurde photometrisch auf einen Wert von 35,5 g/l bestimmt. Die Lysozymkonzentration jeder Fraktion sowie die aus Massenbilanzen Partikelbeladungen sind für beide Gele in Tabelle 4-16 zusammengefasst.

Tabelle 4-16: Ergebnisse der Aufreinigung von Lysozym aus Hühnereiweiß (Verdünnung 1 : 4) durch magnetische Mikrosorbentien des Typs WACE bei Partikelkonzentrationen von 2 g/l (Gel A) und 10 g/l (Gel B).

Fraktion	Gel A			Gel B		
	Lysozym-Konz., g/l	Gesamt-Protein, g/l	q_{rest}, g/g	Lysozym-Konz., g/l	Gesamt-Protein, g/l	q_{rest}, g/g
Hühnereiweiß (1:4)	0,56	35,5	-	0,57	35,5	-
Überstand	0,245	-	0,158	0,067	-	0,051
Waschung 1	0,025	-	0,145	0,025	-	0,048
Waschung 2	0,031	-	0,130	0,031	-	0,045
Elution 1	0,180	0,24	0,040	0,193	0,51	0,026
Elution 2	0,100	0,16	-0,011	0,216	0,76	0,004

Die Ausgangskonzentration c_0 an Lysozym in der Hühnereiweißlösung (1:4 verdünnt) betrug in beiden Beispielen 0,56 g/l. Wie in Abbildung 4-55 zu erkennen, wird in Gel A ein deutlich schwächeres Signal im Überstand (0,245 g/l) als in der Ausgangslösung nachgewiesen. In Gel B, d.h. im Falle einer eingesetzten Partikelkonzentration von 10 g/l, verschwindet die Lysozymbande im Überstand (Ü) fast komplett. Die Lysozymkonzentration erreicht in dieser Fraktion nun 0,067 g/l. Dies bedeutet, dass Lysozym in beiden Fällen erfolgreich gebunden wurde, dass jedoch die eingesetzte Menge an magnetischen Mikrosorbentien im Falle des in Gel A wiedergegebenen Versuchs nicht für eine vollständige Entfernung des Lysozyms aus der Ausgangslösung genügte. Durch eine Erhöhung der eingesetzten Sorbensmenge (Gel B) lässt sich eine praktisch komplette Bindung erzielen, wobei in diesem Fall aber auch mit einer verstärkten Bindung konkurrierender Proteine zu rechnen ist.

Durch die beiden Waschschritte (W1 und W2) werden nur schwach und unspezifisch gebundene Proteine entfernt. Wie aus Abbildung 4-55 zu entnehmen, ist der Verlust an Lysozym dabei sehr gering (die Lysozymkonzentrationen in der Waschlösungen erreichen Werte von 0,025 und 0,031 g/l), wogegen die ursprünglich im hohen Überschuss vorhandenen Verunreinigungen wie Ovalbumin besonders in der ersten Waschfraktion massiv auftreten. Die Waschschritte führen damit nur zu geringen Ausbeuteverlusten, erhöhen aber die Reinheit des Produkts deutlich. Die ohne bzw. mit Zusatz von 20% Isoporpanol durchgeführten Elutionen (E1 bzw. E2) führen zu deutlich unterschiedlichen Ergebnissen, wobei die Reinheit der Elutionsfraktion zusätzlich von der eingesetzten Partikelkonzentration beeinflusst wird. Im Falle geringer Partikelkonzentration und relativ milder Elutionsbedingungen resultiert ein, für eine Batchsorption ohne Einsatz von Affinitätsliganden, erstaunlich reines Produkt. Der anschließende Einsatz von 20% Isopropanol im zweiten Elutionsschritt erreicht eine komplette Desorption des Lysozyms (siehe die berechneten Lysozymrestbeladungen q_{rest} in Tabelle 4-16), führt aber auch parallel zu einer verstärkten Desorption unspezifisch gebundener Verunreinigungen. Das gleich Elutionsverhalten zeigt sich im Prinzip im Falle des Versuchs mit einer Partikelkonzentration von 10 g/l, wobei aber durch das, durch die hohe Partikelkonzentration bedingte, Überangebot an Sorptionsplätzen ein verstärktes Auftreten von Verunreinigungen zu beobachten ist. Es zeigt sich somit der für Batchsorptionen bekannte Konflikt zwischen hoher Ausbeute und hoher Reinheit, d.h. eine Steigerung der Ausbeute geht mit einem Rückgang der Reinheit einher. Die magnetischen Mikrosorbentien des Typs WACE besitzen eine maximale Reinstoff-Sorptionskapazität für Lysozym von ca. 240 mg/g (siehe Absatz 4.2.4). Bei den zwei untersuchten Gelen unterscheiden sich die erreichten Beladungen (q^*) deutlich von dem Maximalwert der Reinstoffisothermen. In Falle einer Partikelkonzentration 2 g/l dem Gel A erreichen die Mikrosorbentien ein q^* von 160 m/g, bei der höheren Partikelkonzentration von 10 g/l beträgt q^* für dieselben Partikel nur ca. 50 mg/g.

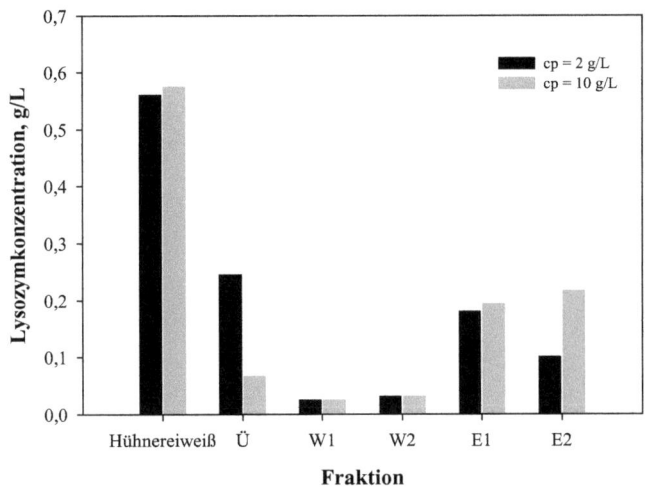

Abbildung 4-56: Lysozymkonzentration der Fraktionen der Aufreinigung von Lysozym mit magnetischen Mikrosorbentien Ü=Überstand, W1,W2=Waschfraktionen, E1, E2=Elutionen, Partikelkonzentration 2 g/l bzw. 10 g/l

In Tabelle 4-17 sind die wichtigsten Kenngrößen der beiden Aufreinigungsversuche nochmals zusammengefasst. Die berechnete Lysozymreinheit der Hühnereiweißlösung beträgt 1,6%, was nur ca. die Hälfte des Literaturwerts entspricht (vgl. Tabelle 3-9). Mögliche Ursache hierfür könnte eine teilweise Mitfällung des Lysozyms bei der Entfernung von Ovomucin während der Vorbehandlung sein.

Tabelle 4-17: Wichtigste Kenngrößen der Versuche zur Aufreinigung von Lysozym aus Hühnereiweiß mittels magnetischer Mikrosorbentien des Typs WACE

	R_{zulauf}, %	R_{eluat}, %	RF	Y, %	PF, %
Gel A	1,6	71	44,7	50	35
Gel B	1,6	32	19,9	71	23

Die Reinheit des Eluats steigt nach der Aufreinigung auf ca. 70% bzw. 32% bei Einsatz von 2 g/l bzw. 10 g/l magnetische Mikrosorbentien. Entsprechend ist der erreichte Aufreinigungsfaktor (RF) bei Einsatz der geringeren Sorbenskonzentration deutlich besser und erreicht einen Wert von 44,7 gegenüber einem RF von 19,9 bei höherer Sorbenkonzentration. Demgegenüber steigt die Ausbeute durch Erhöhung der Sorbenskonzentration von 50% bei einer Partikelkonzentration von 2 g/l bis auf ca. 70% bei einer Partikelkonzentration von 10 g/l. Werden Ausbeute und Reinheit gleich gewichtet überwiegt aber der Reinheitsverlust und der Produktivitätsfaktor (Definition siehe Kapitel 2.13.3) sinkt von 0,35 (2 g/l) auf 0,23 (10 g/l).

4.5 Demonstration der integrierten Bioseparation

Im Rahmen dieses Arbeit wurden in Zusammenarbeit mit dem Institut für Mechanische Verfahrenstechnik und Mechanik (MVM) der Universität Karlsruhe experimentelle Untersuchungen zur halbtechnischen Aufreinigung von Lysozym aus Hühnereiweiß in einer gerührten Drucknutsche (siehe Abbildung 3-13) durchgeführt.

4.5.1 Untersuchungen zur Sorption von reinem Lysozym

Durch den Einsatz der halbtechnischen Versuchsanlage vergrößert sich das Separations- bzw. Separatorvolumen von einem ml im Labormaßstab auf 250 ml bei der Drucknutsche. In ersten Versuchen sollte daher geklärt werden, ob die mit dem Scale-up verbundene Änderung der hydrodynamischen Bedingungen einen Einfluss auf das Sorptionsverhalten der Mikrosorbentien hat. Die Sorptionsuntersuchungen wurden mit den Partikelsorten P-abd (Ligand Cibacron Blue) und SACE I (stark saure Kationenaustauschergruppen) analog zum Vorgehen im Millilitermaßstab durchgeführt. Die Versuche dienten als Demonstration der Übertragbarkeit der Ergebnisse aus dem Labormaßstab in den halbtechnischen Maßstab der gerührten Drucknutsche. Dazu wurde ein Arbeitspunkt auf der im Labormaßstab ermittelten Sorptionsisotherme gewählt und die Bedingungen auf den größeren Maßstab skaliert. Wie in Abbildung 4-57 zu erkennen, stimmen der theoretisch vorhergesagte (grau) Punkt und der gemessene (weiß) Betriebspunkt praktisch überein, was die gute Skalierbarkeit des Prozesses belegt.

Mit den Partikeln des Typs SACE I wurden ebenfalls Sorptionsuntersuchungen in der gerührten Drucknutsche durchgeführt, wobei in diesem Fall drei Sorptionszyklen nacheinander erfolgten (Versuchsdurchführung siehe Absatz 3.10.5). Im Gegensatz zu den Versuchen mit Cibacron Blue Mikrosorbentien (P-abd) wurde dabei nach der Abtrennung des Überstandes eine zweistufige Elution durchgeführt, um die Elutionseffizienz in der Drucknutsche zu erproben.

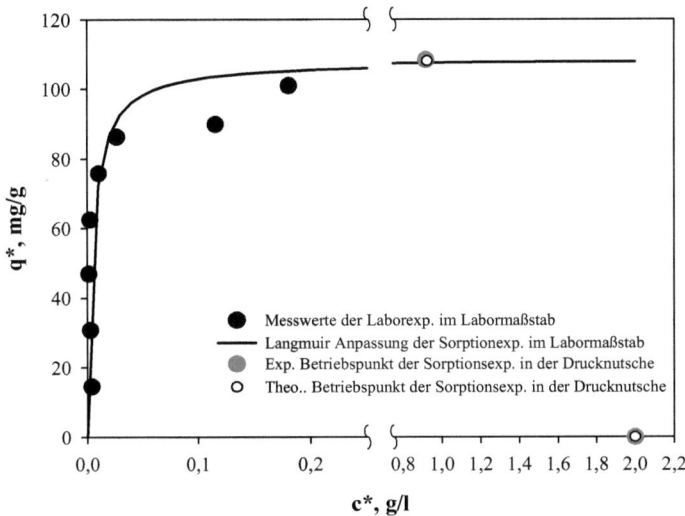

Abbildung 4-57: Sorption von Lysozym an mit Cibacron Blue funktionalisierte magnetische Mikrosorbentien (Typ P-abd). Vergleich des aus Labormessergebnissen vorgesagten Betriebspunkts mit den Ergebnissen des Versuchs in der gerührten Drucknutsche (halbtechnischer Maßstab).

In Abbildung 4-58 sind die gemessenen Betriebspunkte der drei Zyklen sowie die zugehörigen Arbeitsgeraden dargestellt. Außerdem sind die Messpunkte (schwarze Punkten) der Laboruntersuchungen und die daran angepasste Langmuir-Isotherme (schwarze Linie) aufgetragen. Die für eine Partikelkonzentration von 10 g/l sowie eine Anfangskonzentration an Lysozym von 2 g/l berechnete theoretische Beladung q^* beträgt 154 mg/g bei einer verbleibenden Gleichgewichtskonzentration von 0,46 g/l Lysozym in der Lösung. Im ersten Zyklus (hellgraue Punkte) wurde jedoch eine Betriebspunkt mit einer Gleichgewichtbeladung „q^*" von 129,7 mg/g und einer Gleichgewichtkonzentration „c^*" von 0,69 g/l Lysozym gemessen, was gegenüber der aus den Laborversuchen vorhergesagten Kapazität einem Rückgang von 15% entspricht. Ein möglicher Grund hierfür ist die unterschiedliche Partikelkonzentration in den Laboruntersuchungen (3 g/l) und den Drucknutschenuntersuchungen (10 g/l). Im Falle hoher Partikelkonzentrationen neigen die Magnetbeads teilweise zur Agglomeration, wodurch sich die für die Sorption zur Verfügung stehende Oberfläche verringert.

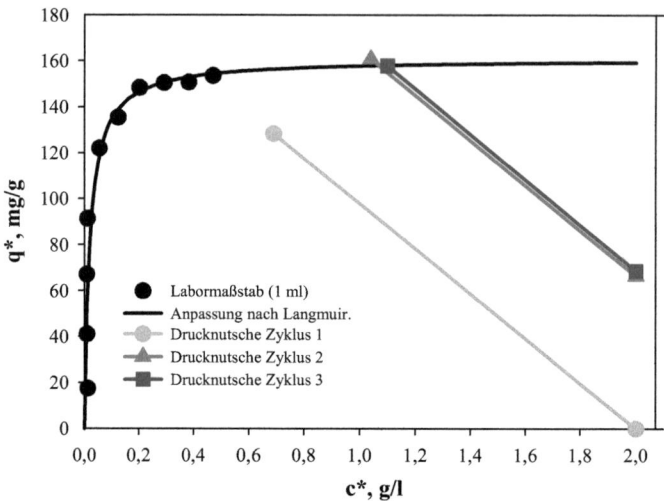

Abbildung 4-58: Mehrzyklische Sorption von Lysozym an kationenaustauscherfunktionalisierte magnetische Mikrosorbentien (Typ SACE I). Vergleich der aus Labormessergebnissen vorgesagten Betriebspunkte mit den Ergebnissen der gerührten Drucknutsche (halbtechnischer Maßstab).

Trotz der zweifachen Elution verbleibt am Ende von Zyklus 1 eine Restbeladung von 62,8 mg/g auf den Partikeln. Ursache hierfür ist eine unvollständige Desorption des Lysozyms auch nach zwei Elutionsschritten, wobei dieser Umstand auf den Verzicht auf einen Isopropanolhaltigen Elutionspuffer zurückgeführt werden kann. Infolge dessen wurde im zweiten Zyklus nicht mit einer Anfangsbeladung von null sondern mit „q_0" = 62 mg/g gestartet. Nach der Gleichgewichtseinstellung erreichten die Mikrosorbentien eine Beladung von 161,7 mg/g (graues Dreieck), was praktisch der maximalen Beladungskapazität entspricht. Am Ende des zweiten Zyklus betrug die Restbeladung ca. 66,5 mg/g. Im Laufe des Sorptionschritts des dritten Zyklus (Dunkelgraues Viereck) erreichte die Beladung der magnetischen Mikrosorbentien erneut 159,2 mg/g und zeigt somit im Rahmen der Messgenauigkeit eine praktische Übereinstimmung mit der im zweiten Zyklus erreichten Beladung. Nach der Elution im dritten Zyklus wurde eine Restbeladung von ca. 68,6 mg/g erreicht. Eine detaillierte Auflistung der Anfangs- und Endbeladungen alle drei Zyklen findet sich in Tabelle 4-18.

Zusätzlich enthält die Tabelle das Verhältnis zwischen der im jeweiligen Zyklus sorbierten bzw. eluierten Menge an Lysozym, d.h. die auf den jeweiligen Zyklus bezogene Elutionseffizienz. Wie zu erkennen, konnte im ersten Zyklus nur eine Elutionseffizienz des sorbierten Lysozyms von 50% erreicht werden. Ab dem zweiten Zyklus erreicht das System jedoch bereits einen weitgehend stationären Zustand mit 95% Elutionseffizienz.

ERGEBNISSE UND DISKUSSION

Tabelle 4-18: Zusammenstellung der Sorbensbeladungen im Verlauf einer mehrzyklische Sorption von Lysozym an kationenaustauscher funktionalisierte magnetische Mikrosorbentien (Typ SACE I) sowie Auflistung der resultierenden, auf den jeweiligen Zyklus bezogenen, Elutionseffizienz.

Zyklus	q^*, mg/g	q_0, mg/g	q_w, mg/g	q_{E1}, mg/g	q_{E2}, mg/g	Elutionseffizienz
1	129,7	0	128,3	68,9	62,8	51%
2	161,7	62,8	160,7	75,9	66,5	95%
3	159,2	66,5	157,8	77,9	68,6	96%

4.5.2 Lysozymaufreinigung aus Hühnereiweiß in der Drucknutsche

Nachdem anhand der Versuche zur Sorption und Desorption von reinen Lysozymlösungen unter Einsatz einer gerührten Drucknutsche der prinzipielle Scale-up des Verfahrens von 1 ml auf ca. 250 ml erfolgreich demonstriert worden war, erfolgte die Aufreinigung von Lysozym aus Hühnereiweißlösung als Rohsuspension.

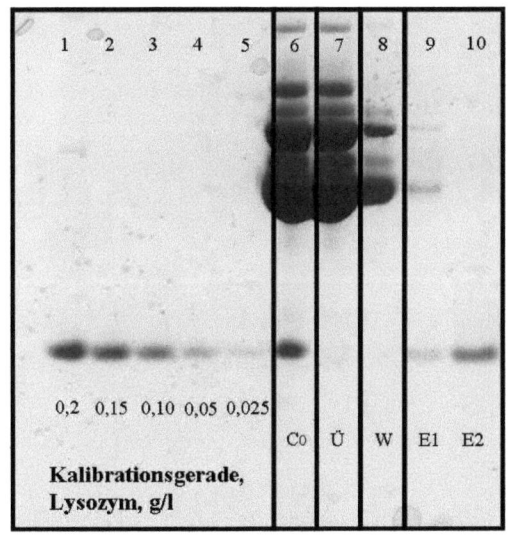

Abbildung 4-59: SDS-Page der Proben einer Lysozymaufreinigung aus Hühnereiweiß (verdünnt 1 : 10) in einer gerührten, magnetfeldüberlagerten Drucknutsche. Eingesetzte Mikrosorbentien: Typ SACE I, Partikelkonzentration 5 g/l. Linie 1 bis 5 Lysozymstandards zur Kalibration (0,2 bis 0,025 g/l). Linie 6 Ausganglösung aus Hühnereiweiß (Gesamtprotein c_0 12,2 g/l, Lysozymkonz. 0,225 g/l), Linie 7 Überstand, Linie 8 Waschschritt, Linie 9 und 10 Elution

Für den Scale up der Aufreinigung wurden magnetische Mikrosorbentien des Typs SACE I in einer Konzentration von 5 g/l verwendet. Die eingesetzte Hühnereiweißlösung wurde von Ovomucin befreit und 1:10 verdünnt (siehe Absatz 3.8.3). Als Waschpuffer wurde 20mM Phosphatpuffer pH 8 und zur Elution 1M KSCN, 20mM Phosphatpuffer, pH 4 sowie 1M KBr, 20mM Phosphatpuffer, Isopropanol 20%, pH 4 verwendet (siehe Kapitel 3.10.5). Abbildung 4-59 zeigt das Ergebnis der Aufreinigung in Form eines SDS-Gels. Die densitometrische Auswertung des Gels ist in Tabelle 4-19 zusammengefasst.

Tabelle 4-19: Zusammenfassung der Aufreinigung von Lysozym aus Hühnereiweiß in der gerührte Drucknutsche

Fraktion	Lys. Konz., g/l	Gesamt- protein, g/l	q_{rest}, g/g
Hühnereiweiß	0,228	12,2	-
Überstand	0,016	-	0,040
Waschung	0,015	-	0,037
Elution 1	0,032	0,077	0,031
Elution 2	0,109	0,113	0,008

Die Konzentration an Lysozym (c_0) in der Ausgangslösung wurde auf 0,228 g/l bestimmt, bei einer Gesamtproteinkonzentration von 12,1 g/l. Wie in Abbildung 4-59 zu erkennen, wird durch die Zugabe der magnetischen Mikrosorbentien das Lysozym praktisch vollständig gebunden (Restkonzentration im Überstand 0,016 g/l). Wie im Falle der Laborexperimente entfernt der Waschschritt (W) größere Mengen unspezifisch gebundener Proteine, wobei der durch Densitometrie bestimmte Verlust an Lysozym knapp 10% beträgt. Bei den in der Waschlösung auftretenden Proteinen handelt es sich erwartungsgemäß um die Hauptproteine in Hühnereiweiß, d.h. Ovalbumin und Conalbumin. Die Elution mit 1M KSCN zeigt nur einen geringen Erfolg, wogegen der zweite Elutionsschritt unter Zusatz von 20% Isopropanol eine deutliche und nach der Auftragung weitgehend reine Lysozymbande erbringt (0,032 g/l bzw. 0,108 g/l Lysozym in den Elutionsfraktionen). In Tabelle 4-20 sind die wichtigsten Kenngrößen dieser abschließenden Aufreinigung zusammengefasst.

Tabelle 4-20: Wichtigste Kenngrößen des Versuchs zur Aufreinigung von Lysozym aus Hühnereiweiß mittels magnetischer Mikrosorbentien des Typs SACE I in einer gerührten, magnetfeldüberlagerten Drucknutsche. R = Reinheit; RF = Aufreinigungsfaktor; Y = Ausbeute und PF = Produktivitätfaktor

	R_{zulauf}, %	R_{eluat}, %	RF	Y, %	PF, %
Elution 1	-	41	22	14	-
Elution 2	-	96	52	48	-
Gesamt	1,87	74	40	62	46

Die Lysozymreinheit wurde in der Biorohsuspension auf ca. 1,87% und nach der Aufreinigung auf ca. 74% bestimmen. Ingesamt wurde in den beiden Elutionschritten ca. 62% des eingesetzten Lysozyms zurückgewonnen, wobei die Verluste in der Ausbeute vor allem auf Verluste während des Waschschritts sowie eine erstaunlich schlechte erste Elution zurück geführt werden können. Der bei gleicher Gewichtung von Reinheit und Ausbeute berechnete Produktivitätsfaktor macht jedoch klar, dass die Aufreinigung von Lysozym aus Hühnereiweiß im halbtechnischen Maßstab insgesamt aber die Effizienz der Versuche im Labormaßstab erreichte bzw. sogar noch übertraf.

In Anhang 7.4 finden sich die Ergebnisse eines zweiten Versuchs zur Aufreinigung von Lysozym aus Hühnereiweiß im halbtechnischen Maßstab. Trotz einer geringeren eingesetzten Partikelkonzentration (2,5 g/l) bei ansonsten gleichen Versuchsbedingungen konnte in diesem Versuch ebenfalls eine Gesamtausbeute von über 61% erreicht werden. Gründe hierfür sind ein geringerer Waschverlust sowie eine bessere Effizienz der ersten Elution.

5 Resumé und Ausblick

Ziel der Arbeiten war die Entwicklung kostengünstiger Syntheseverfahren für funktionelle magnetische Mikro- und Nanopartikel sowie die Demonstration ihrer Anwendung im Bereich der Bioseparation. Zu den in diesem Zusammenhang wichtigsten erreichten Meilensteinen zählen: (i) die Herstellung magnetischer PVAc-Mikropartikeln durch ein optimiertes Suspensionspolymerisationsverfahren sowie die Herstellung magnetischer PVAc- bzw. Ferrit-Nanopartikel durch Miniemulsionspolymerisation bzw. direktes Coating mineralischer Precursor; (ii) die Charakterisierung der magnetischen Mikro- und Nanopartikel hinsichtlich verfahrenstechnisch relevanter Größen wie Sättigungsmagnetisierung, Partikelgrößenverteilung, Zetapotential und spezifischer Oberfläche; (iii) die Funktionalisierung der Partikel durch eine Aktivierung der Polymeroberfläche, der Einführung von Spacerarmen sowie die anschließende Kopplung von Affinitätsliganden bzw. funktionellen Gruppen; (iv) die Ermittlung optimaler Binde- und Elutionsbedingungen für das Modellprotein Lysozym; (v) die modellhafte Beschreibung der Sorptionseigenschaften der magnetischen Nano- und Mikrosorbentien in Ein- und Zweistoffsystemen; (vi) die Untersuchung der Aufreinigung des Modellenzyms Lysozym aus Hühnereiweiß im Labormaßstab und schließlich (vii) die Übertragung der Ergebnisse auf eine halbtechnische Pilotanlage zur Aufreinigung von Proteinen aus Biorohsuspensionen mit einem Volumen von bis zu 1 L bei Einsatz von bis zu 5 g Partikeln pro Aufreinigungszyklus.

Auf dem Weg zum Erreichen dieser Meilensteine mussten zunächst die anwendungsrelevanten Eigenschaften der magnetischen Mikropartikel durch eine systematische Optimierung der Syntheseparameter stark verbessert werden. Die auf Basis einer Suspensionspolymerisation von Polyvinylacetat hergestellten magnetischen Grundpartikel erreichten letztendlich einen mittleren Durchmesser von ca. 3 µm sowie kommerziellen Magnetbeads ebenbürtige magnetische Eigenschaften. Für magnetische Partikeln kleiner als 1 µm erwiesen sich die Miniemulsionspolymerisationsverfahren sowie das direkte Coating magnetischer Nanopartikel als besser geeignet. Mit Sättigungsmagnetisierungen von ca. 40 Am^2/Kg besitzen auch diese Partikel gute magnetische Eigenschaften, der geringe Partikeldurchmesser macht eine magnetische Separation jedoch aufwändiger, so dass zur weitergehenden Funktionalisierung und zur Demonstration der Proteinisolation im halbtechnischen Maßstab die per Suspensionspolymerisation hergestellten Partikel zum Einsatz kamen.

Im Zuge der Funktionalisierungsuntersuchungen wurde zum einen, der Farbstoffsligand „Cibacron Blue" über drei unterschiedliche funktionelle Gruppen sowie unter Verwendung von acht verschiedenen Spacern an die magnetischen Partikel gekoppelt. Zum anderen, wurden die magnetischen Partikel über vier unterschiedliche Spacer mit stark sauren Kationenaustauschergruppen funktionalisiert. Schließlich wurde die Oberfläche der PVAc-Partikel durch eine Verseifungsreaktion zu Polyvinylalkohol umgewandelt und ebenfalls mit stark oder schwach sauren Kationenaustauschergruppen modifiziert. Optimierte Versionen sämtlicher genannter Funktionalisierungswege erwiesen sich zur Herstellung von Mikrosorbentien mit Lysozymbindekapazitäten zwischen 150 und 250 mg/g geeignet. Im Falle der mit „Cibacron Blue" funktionalisierten Partikel war jedoch im Verlauf der Elution ein teilweiser Verlust des Liganden zu beobachten, so dass diese Mikrosorbentien für die in biotechnologischen Prozessen unabdingbare Wiederverwendung nur bedingt geeignet erscheinen.

Bei der abschließenden Demonstration der Eignung der Mikrosorbentien für eine direkte Proteinisolierung aus ungeklärten Biosuspensionen wurde wiederum Lysozym mittels aus einer stark proteinhaltigen Hühnereiweißlösung selektiv abgetrennt. Ausgehend von einem auf das Gesamtprotein bezogenen Lysozymgehalt von 1,6% konnten in einem einstufigen Batchprozess Reinheiten sowie Ausbeuten von bis zu 70% erreicht werden. Schlüsselaspekte für eine kommerzielle Anwendbarkeit des Verfahrens sind dabei sicherlich die Herstellungskosten, die Betriebsstabilität sowie die Produktspezifität der magnetischen Mikrosorbentien. Auf Basis der Erkenntnisse der vorliegenden Arbeit folgt daher im anschließenden Abschnitt eine kurze Diskussion der notwendigen weiteren Schritte zum Scale-up und der weiteren Verbesserung der Herstellung magnetischer Mikro- und Nanosorbentien.

Trotz der umfangreichen Versuchsreihen blieben verschiedene Aspekte einer technischen Partikelherstellung weitgehend offen. Zu diesen gehören u.a. der Einfluss des, insbesondere für die Funktionalisierungsreaktionen, eingesetzten Überschusses an Reagenzien, die Übertragbarkeit der Ergebnisse auf andere Monomere als Ausgangsmaterial für die Polymerisation sowie die Art und Dimension der notwendigen Produktionstechnologie. Im Hinblick auf eine kostengünstige und umweltfreundliche Herstellung ist hier insbesondere der erste Punkt, d.h. der notwendige Überschuss an Funktionalisierungsreagenzien, wichtig. Der in den Laborexperimenten eingesetzte Überschuss von oftmals mehr als dem zehnfachen des stöchiometrischen Bedarfs ist nicht direkt auf einen größeren Maßstab übertragbar. Aus diesem Grund sollten mögliche Auswege untersucht werden, wie eine Änderung der Reaktionsparameter (längere Reaktionszeiten, Verschiebung der Gleichgewichtslage durch pH, Temperatur, etc.) oder eine Rückführung unverbrauchter Reagenzien.

Offen ist auch noch die Frage nach der am besten geeigneten Produktionstechnologie. Während technische Polymerisationsverfahren für Partikel im Größenbereich von 20 – 1000 μm Stand der Technik sind, wird die Handhabung von Reaktionen an Partikeln im Mikro- oder

Submikrometerbereich zunehmen anspruchsvoller. Einer der Gründe hierfür sind die notwendigen zahlreichen Fest-Flüssig-Trennschritte zwischen den einzelnen Funktionalisierungs- und Waschschritten. Eine noch nicht näher untersuchte Möglichkeit zur effizienten Durchführung der Trennung ist der Einsatz der am Institut für Mechanische Verfahrenstechnik und Mechanik der Universität Karlsruhe entwickelten magnetfeldüberlagerten Drucknutsche bereits während der Partikelherstellung. Der Eleganz dieses Vorgehens steht aber das Problem entgegen, dass sich das gesamte Arbeitsvolumen der Drucknutsche im Magnetfeldbereich befinden muss und daher in seiner Größe stark limitiert ist. Eine Alternative ist der Einsatz klassischer Rührreaktoren in Kombination mit externen Magnetfiltern oder Zentrifugen zur Partikelseparation und –rückführung. Schwerpunkte zukünftiger Arbeiten zum weiteren Scale-up der Produktion magnetischer Mikrosorbentien sollten daher die programmgestützte Bewertung verschiedener Anlagenszenarien sowie eine enge Kooperation mit kommerziellen Herstellern unmagnetischer Polymermikropartikeln sein. Eine entsprechende Betrachtung verfahrenstechnischer Alternativen zur Mikropartikelproduktion sollte, neben der Möglichkeit von Suspensions- oder Emulsionspolymerisationen in konventionellen Rührkesseln, auch neuere Ansätze wie die Produktion monodisperser Suspensionen durch Membranen oder mikroverfahrenstechnische Systeme in Betracht ziehen.

6 Literaturverzeichnis

1. Franzreb, M., et al., *Protein purification using magnetic adsorbent particles.* Applied Microbiology and Biotechnology, 2006. **70**(5): p. 505-516.
2. Heeboll, et al., *Fractionation of whey proteins with high-capacity superparamagnetic ion-exchangers.* Journal of Biotechnology, 2004. **113**(1-3): p. 247-262.
3. Ma, Z., H. Liu, and Y. Guan, *Synthesis of monodisperse nonporous crosslinked poly(glycidyl methacrylate) particles with metal affinity ligands for protein adsorption.* Polymer International, 2005. **54**.
4. Safarik, I. and M. Safarikova, *Magnetic techniques for the isolation and purification of proteins and peptides.* BioMagnetic Research anTechnology, 2004: p. 1-17.
5. Saitoh, T., D. Makino, and M. Hiraide, *Protein separation with surfactant-coated octadecylsilyl silica involving Cibacron blue 3GA-conjugated nonionic surfactant.* Journal of Chromatography A, 2004. **1057**(1-2): p. 101-106.
6. Tong, X., B. Xue, and Y. Sun, *A Novel Magnetic Affinity Support for Protein Adsorption and Purification.* Biotechnological Progress, 2001. **17**: p. 134-139.
7. Hubbuch, J.J. and O.R.T. Thomas, *High-gradient magnetic affinity separation of trypsin from porcine pancreatin.* Biotechnology and Bioengineering, 2002. **79**(3): p. 301-313.
8. Oster, J., J. Parker, and L. a Brassard, *Polyvinyl-alcohol-based magnetic beads for rapid and efficient separation of specific or unspecific nucleic acid sequences.* Journal of Magnetism and Magnetic Materials, 2001. **225**(1-2): p. 145-150.
9. Veyret, R., et al., *Amino-containing magnetic nanoemulsions: elaboration and nucleic acid extraction.* Journal of Magnetism and Magnetic Materials, 2005. **295**(2): p. 155-163.
10. Veyret, R., T. Delair, and A. Elaissari, *Preparation and biomedical application of layer-by-layer encapsulated oil in water magnetic emulsion.* Journal of Magnetism and Magnetic Materials, 2005. **293**(1): p. 171-176.
11. Safarik, I. and M. Safarikova, *Use of magnetic techniques for the isolation of cells.* Journal of Chromatography B: Biomedical Sciences and Applications, 1999. **722**(1-2): p. 33-53.
12. !!! INVALID CITATION !!!
13. Adachi, M., et al., *Bioaffinity separation of trypsin using trypsin inhibitor immobilized in reverse micelles composed of a nonionic surfactant.* Biotechnology and Bioengineering, 1997. **53**(4): p. 406-408.
14. Bucak, S., et al., *Protein Separations Using Colloidal Magnetic Nanoparticles.* Biotechnol. Prog., 2003. **19**(2): p. 477-484.
15. Moeser, G.D., et al., *High-gradient magnetic separation of coated magnetic nanoparticles.* AIChE Journal, 2004. **50**(11): p. 2835-2848.
16. Peng, Hidajat, and Uddin, *Adsorption of bovine serum albumin on nanosized magnetic particles.* Journal of Colloid and Interface Science, 2004. **271**(2): p. 277-283.
17. Bozhinova, D.P., *Synthesis, modification and characterisation of magnetic micro-matrices for covalent immobilisation of biomolecules. Model investigations with penicillin amidase from E.coli*, in *Fakultät IV – Chemie und Pharmazie*2004, Universität Regensburg: Regensburg. p. 161.
18. Bozhinova, D.P., *Synthesis modification and characterisation of magnetic micro-matrices for covalent immobilisation of biomolecules Model investigations with penicillin amidase*

from E coli, 2004, Regensburg.

19. Mosbach, K. and L. Andersson, *Magnetic ferrofluids for preparation of magnetic polymers and their application in affinity chromatography.* Nature, 1977. **270**(5634): p. 259-261.

20. Hirschbein, B.L. and G.M. Whitesides, *Affinity separation of enzymes from mixtures containing suspended solids. Comparisons of magnetic and nonmagnetic techniques.* Applied Biochemistry and Biotechnology, 1982. **7**(3): p. 157-176.

21. Jiang, X.Y., S. Bai, and Y. Sun, *Fabrication and characterization of rigid magnetic monodisperse microspheres for protein adsorption.* Journal of Chromatography B, 2007. **852**(1-2): p. 62-68.

22. Rajan, et al., *Superparamagnetic nanocomposites based on poly(styrene-b-ethylene/butylene-b-styrene)/cobalt ferrite compositions.* Journal of Magnetism and Magnetic Materials, 2005.

23. Yamauraa, M., et al., *Preparation and characterization of (3-aminopropyl) triethoxysilane-coated magnetite nanoparticles.* Journal of Magnetism and Magnetic Materials, 2004. **279**: p. 210-217.

24. Salgueiriño, et al., *Composite Silica Spheres with Magnetic and Luminescent Functionalities.* Advanced Funktional Materials, 2006. **16**: p. 509–514.

25. Lu, A., et al., *Magnetische Nanopartikel: Synthese, Stabilisierung, Funktionalisierung und Anwendung.* Angewandte Chemie, 2007. **119**(8): p. 1242-1266.

26. Safarikova, M., et al., *Magnetic alginate microparticles for purification of [alpha]-amylases.* Journal of Biotechnology, 2003. **105**(3): p. 255-260.

27. Tartaj, P., et al., *The preparation of magnetic nanoparticles for applications in biomedicine.* Journal of Physics D: Applied Physics, 2003. **13**.

28. Winnik, F.M., et al., *Template-Controlled Synthesis of Superparamagnetic Goethite within Macroporous Polymeric Microspheres.* Langmuir, 1995. **11**(10): p. 3660-3666.

29. Sugimoto, T. and E. Matijevic, *Formation of uniform spherical magnetite particles by crystallization from ferrous hydroxide gels.* Journal of Colloid and Interface Science, 1980. **74**(1): p. 227-243.

30. Khalafalla, S. and G. Reimers, *Preparation of dilution-stable aqueous magnetic fluids.* Magnetics, IEEE Transactions on, 1980. **16**(2): p. 178-183.

31. Liu, X., et al., *Preparation and characterization of magnetic polymer nanospheres with high protein binding capacity.* Journal of Magnetism and Magnetic Materials, 2005. **293**(1): p. 111-118.

32. Gupta, A.K. and M.N. Gupta, *Synthesis and surface engineering of iron oxide nanoparticles for biomedical applications.* Biomaterials, 2005. **26**(18): p. 3995-4021.

33. Ma, Z. and H. Liu, *Synthesis and surface modification of magnetic particles for application in biotechnology and biomedicine.* China Particuology - Magnetic Particulate Systems, 2007. **5**(1-2): p. 1-10.

34. Rockenberger, J., E.C. Scher, and A.P. Alivisatos, *A New Nonhydrolytic Single-Precursor Approach to Surfactant-Capped Nanocrystals of Transition Metal Oxides.* J. Am. Chem. Soc., 1999. **121**(49): p. 11595-11596.

35. Schubert, H. and H. Armbruster, *Prinzipien der Herstellung und Stabilität von Emulsionen.* Chemie Ingenieur Technik, 1989. **61**(9): p. 701-711.

36. Lagaly, G., O. Shchulz, and R. Zimehl, *Dispersionen und Emulsionen.* Vol. 1. 1997, Kiel:

Steinkopff Verlag. 560.

37. Rupprecht, H. and T. Gu, *Structure of adsorption layers of ionic surfactants at the solid/liquid interface.* Colloid & Polymer Science, 1991. **269**(5): p. 506 - 522.

38. Jahny, K., *Amphiphile Polyurethan-Makromere als Emulgatoren und Comonomere für die heterophasige Polymerisation hydrophober Monomere*, in *Fakultät Mathematik und Naturwissenschaften der Technischen Universität Dresden*2001, Dresden: Dresden. p. 155.

39. Arshady, R., *Suspension, emulsion, and dispersion polymerization: A methodological survey.* Colloid & Polymer Science, 1992. **270**(8): p. 717-732.

40. Vivaldo, et al., *An Updated Review on Suspension Polymerization.* Ind. Eng. Chem. Res., 1997. **36**(4): p. 939-965.

41. Yang, C., et al., *Preparation of magnetic polystyrene microspheres with a narrow size distribution.* AIChE Journal, 2005. **51**(7): p. 2011-2015.

42. Bozhinova, D., et al., *Evaluation of magnetic polymer micro-beads as carriers of immobilised biocatalysts for selective and stereoselective transformations.* Biotechnology Letters, 2004. **26**(4): p. 343-350.

43. Guo, Z., S. Bai, and Y. Sun, *Preparation and characterization of immobilized lipase on magnetic hydrophobic microspheres.* Enzyme and Microbial Technology, 2003. **32**(7): p. 776-782.

44. Wang, R., et al., *Modification of poly(glycidyl methacrylate-divinylbenzene) porous microspheres with polyethylene glycol and their adsorption property of protein.* Colloids and Surfaces B: Biointerfaces, 2006. **51**(1): p. 93-99.

45. Yang, C., et al., *Superparamagnetic poly(methyl methacrylate) beads for nattokinase purification from fermentation broth.* Applied Microbiology and Biotechnology, 2006. **72**(3): p. 616-622.

46. Yang, C., et al., *Synthesis and protein immobilization of monodisperse magnetic spheres with multifunctional groups.* Reactive and Functional Polymers, 2006. **66**(2): p. 267-273.

47. Ma, Z., et al., *Preparation and Characterization of Micron-Sized Non-Porous Magnetic Polymer Microspheres with Immobilized Metal Affinity Ligands by Modified Suspension Polymerization.* Journal of Applied Polymer Science, 2004. **96**: p. 2174-2180.

48. Turkmen, D., H. Yavuz, and A. Denizli, *Synthesis of tentacle type magnetic beads as immobilized metal chelate affinity support for cytochrome c adsorption.* International Journal of Biological Macromolecules, 2006. **38**(2): p. 126-133.

49. Wang, S. and F.J. Schork, *Miniemulsion polymerization of vinyl acetate with nonionic surfactant.* Journal of Applied Polymer Science, 1994. **54**(13): p. 2157-2164.

50. Asua, J.M., *Miniemulsion polymerization.* Progress in Polymer Science, 2002. **27**(7): p. 1283-1346.

51. Miller, C.M., et al., *Polymerization of Miniemulsions Prepared from Polystyrene in Styrene Solutions. 1. Benchmarks and Limits.* Macromolecules, 1995. **28**(8): p. 2754-2764.

52. Mori, Y. and H. Kawaguchi, *Impact of initiators in preparing magnetic polymer particles by miniemulsion polymerization.* Colloids and Surfaces B: Biointerfaces, 2007. **56**(1-2): p. 246-254.

53. Ramírez, L. and K. Landfester, *Magnetic Polystyrene Nanoparticles with a High Magnetite Content Obtained by Miniemulsion Processes.* Macromolecular Chemistry and Physics, 2003. **204**(1): p. 22-31.

54. Boguslavsky, Y. and S. Margel, *Synthesis and characterization of poly(divinylbenzene)-coated magnetic iron oxide nanoparticles as precursor for the formation of air-stable carbon-coated iron crystalline nanoparticles.* Journal of Colloid and Interface Science, 2008. **317**(1): p. 101-114.

55. Arias, J.L., et al., *Development of carbonyl iron/ethylcellulose core/shell nanoparticles for biomedical applications.* International Journal of Pharmaceutics, 2007. **339**(1-2): p. 237-245.

56. Khng, H.P., et al., *The synthesis of sub-micron magnetic particles and their use for preparative purification of proteins.* Biotechnology and Bioengineering, 1998. **60**(4): p. 419-424.

57. Wang, P., et al., *Preparation and clinical application of immunomagnetic latex.* Journal of Polymer Science Part A: Polymer Chemistry, 2005. **43**(7): p. 1342-1356.

58. Tseng, C.M., et al., *Uniform polymer particles by dispersion polymerization in alcohol.* Journal of Polymer Science Part A: Polymer Chemistry, 1986. **24**(11): p. 2995-3007.

59. Ober, C., K. Lok, and M. Hair, *Monodispersed, micron-sized polystyrene particles by dispersion polymerization.* Journal of Polymer Science: Polymer Letters Edition, 1985. **23**(2): p. 103-108.

60. Stober, W., A. Fink, and E. Bohn, *Controlled growth of monodisperse silica spheres in the micron size range.* Journal of Colloid and Interface Science, 1968. **26**(1): p. 62-69.

61. Xu, H., et al., *Preparation of hydrophilic magnetic nanospheres with high saturation magnetization.* Journal of Magnetism and Magnetic Materials Proceedings of the Sixth International Conference on the Scientific and Clinical Applications of Magnetic Carriers - SCAMC-06, 2007. **311**(1): p. 125-130.

62. Zhao, W., et al., *Fabrication of Uniform Magnetic Nanocomposite Spheres with a Magnetic Core/Mesoporous Silica Shell Structure.* J. Am. Chem. Soc., 2005. **127**(25): p. 8916-8917.

63. Caruso, F., et al., *Multilayer Assemblies of Silica-Encapsulated Gold Nanoparticles on Decomposable Colloid Templates.* Advanced Materials, 2001. **13**(14): p. 1090-1094.

64. Lopez, et al., *Stability and magnetic characterization of oleate-covered magnetite ferrofluids in different nonpolar carriers.* Journal of Colloid and Interface Science, 2005. **291**(1): p. 144-151.

65. Prouty, M., et al., *Layer-by-Layer Engineered Nanoparticles for Sustained Release of Phor21-CG(ala) Anticancer Peptide.* Journal of Biomedical Nanotechnology. **3**: p. 184-189.

66. Hermanson, G.T., et al., *Inmobilized affinity ligand techniques*1992, San Diego: Bioquimica. 454.

67. Lowe, C.R., S.J. Burton, and J.C. Pearson, *Design and application of bio-mimetic dyes in biotechnology.* Journal of Chromatography - Biomedical Applications, 1986. **VOL. 376**: p. 121-130.

68. Biosciences, A., *Affity Chromatography*, in *Handbooks from Amersham Biosciences*, E. AD, Editor 2003, Amershan Biosciences.

69. Kranz, B., *Immobilisierung der Penicillin G Acylase an funktionalisierte Trägerpartikel für biotechnologische Anwendungen*, in *Naturwissenschaftliche Fakultät IV - Chemie und Pharmazie*2007, Universität Regensburg: Regensburg. p. 188.

70. Zulqarnain, K., *Scale-up of affinity separation based on magnetic support particles*, in *Deparmetn of Biochemical Engineering*1999, University College London: London. p. 215.

71. Labrou, N. and Y.D. Clonis, *The affinity technology in downstream processing.* Journal of

Biotechnology, 1994. **36**(2): p. 95-119.

72. Denizli, A. and E. Piskin, *Dye-ligand affinity systems*. Journal of Biochemical and Biophysical Methods, 2001. **49**(1-3): p. 391-416.

73. Bollin, E., K. Vastola, and D. Oleszek, *The Interaction of Mammalian Interferons with Immobilized Cibacron Blue F3Ga: Modulation of Binding Strength*. Preparative Biochemistry and Biotechnology, 1978. **8**(4): p. 259-274.

74. Clonis, Y.D. and C.R. Lowe, *The interaction of yeast hexokinase with Procion Green H-4G*. Biochemical Journal, 1981. **197**: p. 203-211.

75. Clonis, Y.D. and C.R. Lowe, *Triazine dyes, a new class of affinity labels for nucleotide-dependent enzymes*. Biochemical Journal, 1980. **191**: p. 247-251.

76. Meyer, A., et al., *Demonstration of a Strategy for Product Purification by High-Gradient Magnetic Fishing: Recovery of Superoxide Dismutase from Unconditioned Whey*. Biotechnol. Prog., 2005. **21**(1): p. 244-254.

77. Thomas, O.R.T., *Downstream Processing of Biotechnical Products*, ed. Z.f. Bioverfahrenstechnik. Vol. 1. 1998, Lyngby, Dänemark: Technische Universität von Dänemark,.

78. Hubbuch, J.J., *Development of Adsorptive Separation Systems for Recovery of Proteins from Crude Bioprocess Liquors*, in *Zentrum für Bioverfahrenstechnik* 2000, Technische Universität von Dänemark: Lyngby, Dänemar.

79. Rito and M. Palomares, *Practical application of aqueous two-phase partition to process development for the recovery of biological products*. Journal of Chromatography B, 2004. **807**(1): p. 3-11.

80. O'Brien, S.M. and O. Thomas, *Non-porous magnetic chelator supports for protein recovery by immobilised metal affinity adsorption*. Journal of Biotechnology, 1996. **50**: p. 13-25.

81. Hoffmann, C., *Einsatz magnetischer Separationsverfahren zur biotechnologischen Produktaufarbeitung*, in *Institut für Technische Chemie, Forschungszentrum Karlsruhe*2003, Universität Karlsruhe: Karlsruhe.

82. Hubbuch, J.J., et al., *High gradient magnetic separation versus expanded bed adsorption: a first principle comparison*. Bioseparation, 2001. **10**(1): p. 99 - 112.

83. Heeboll and A. Nielsen, *High Gradient Magnetic Fishing:Support functionalisation and application for protein recovery from unclarified bioprocess liquors*, in *Center for Process Biotechnology*2002, Technical University of Denmark: Lyngby.

84. Meyer, A., *Einsatz magnettechnologischer Trennverfahren zur Aufbereitung von Molkereiprodukten*, in *Fakultät für Chemieingenieurwesen und Verfahrenstechnik*2004, Universität Fridericiana Karlsruhe: Karlsruhe.

85. Ebner, N., *Einsatz von Magnettrenntechnologie bei der Bioproduktaufarbeitung*, in *Fakultät für Chemieingenieurwesen und Verfahrenstechnik*2006, Universität Karösruhe: Karlsruhe. p. 226.

86. Nirschl, H., et al., *Magnetfeldüberlagerte Kuchenfiltration zur selektiven und energieeffizienten Fest-Flüssig-Trennung – Untersuchung der effizienten Separation von nanoskaligen Pigmentsuspensionen und Bioproduktsystemen mit überlagertem Magnetfeld*, 2007, Institut für Mechanische Verfahrenstechnik und Mechanik Universität Karlsruhe (TH): Karlsruhe. p. 87.

87. Beckley, K., et al., *Design strategies for integrated protein purification processes: challenges, progress and outlook*. Journal of Chemical Technology & Biotechnology, 2008.

83(2): p. 124-132.

88. Sontheimer, H., et al., *Adsorptionsverfahren zur Wasserreinigung* 1985, Karlsruhe: Engler-Bunte-Institut der Universtität Karlsruhe. 640.

89. Sharma, S. and G.P. Agarwal, *Interactions of Proteins with Immobilized Metal Ions: A Comparative Analysis Using Various Isotherm Models.* Analytical Biochemistry, 2001. **288**(2): p. 126-140.

90. Scatchard, G., *Equilibrium in Non-Electrolyte Mixtures.* Chem. Rev., 1949. **44**(1): p. 7-35.

91. Butler, J.A.V. and C. Ockrent, *Studies in Electrocapillarity. III.* J. Phys. Chem., 1930. **34**(12): p. 2841-2859.

92. Jain, J.S. and V.L. Snoeyink, *Adsorption from Bisolute Systems on Active Carbon.* Journal of the Water Pollution Control Federation, 1973. **45**(12): p. 2463 - 2479.

93. Xiaoyu, H., L. Zaijun, and H. Junlian, *Preparation of diblock copolymer of methyl methacrylate and vinyl acetate by successive radical mechanism and selective hydrolysis of the polyvinyl acetate) block.* Polymer, 1998. **39**(6-7): p. 1369-1374.

94. Bubnis, W.A. and C.M. Ofner, *The determination of [epsilon]-amino groups in soluble and poorly soluble proteinaceous materials by a spectrophotometrie method using trinitrobenzenesulfonic acid.* Analytical Biochemistry, 1992. **207**(1): p. 129-133.

95. Zucić, R., *Funktionalisierung von magnetischen Mikrosorbentien zur selektiven Enzymaufreinigung*, in *Forschungszentrum Karlsruhe, Institut für Technische Chemie Wasser- und Geotechnologie* 2007, Hochschule Karlsruhe Technik und Wirtschaft. Fakultät Mechatronik und Maschinenbau: Karlsruhe. p. 76.

96. Ma, Z., et al., *Synthesis of Magnetic Chelator for High-Capacity Immobilized Metal Affinity Adsorption of Protein by Cerium Initiated Graft Polymerization.* Langmuir, 2005. **21**(15): p. 6987-6994.

97. Denizli, A. and Y. Arica, *Performance of Different Metal–Dye Chelated Affinity Adsorbents of Poly(2-Hydroxyethyl Methacrylate) in Lysozyme Separation.* Separation Science and Technology, 2000. **35**(14): p. 2243-2257.

98. Huntington, J.A. and P.E. Stein, *Structure and properties of ovalbumin.* Journal of Chromatography B: Biomedical Sciences and Applications, 2001. **756**(1-2): p. 189-198.

99. Desert, C., et al., *Comparison of Different Electrophoretic Separations of Hen Egg White Proteins.* J. Agric. Food Chem., 2001. **49**(10): p. 4553-4561.

100. Denizli, A., S. Enel, and M. Arica, *Cibacron Blue F3GA and Cu(II) derived poly(2-hydroxyethylmethacrylate) membranes for lysozyme adsorption.* Colloids and Surfaces B: Biointerfaces, 1998. **11**(3): p. 113-122.

101. Denizli, A., et al., *Nonporous monosize polymeric sorbents: Dye and metal chelate affinity separation of lysozyme.* Journal of Applied Polymer Science, 2000. **76**(2): p. 115-124.

102. Steuer, D., *Statische Eigenschaften der Multikriteriellen Optimierung mittels Wünschbarkeiten*, 2005, Universität Dortmund: Ahrensburg. p. 123.

103. Shen, L., et al., *Bilayer Surfactant Stabilized Magnetic Fluids: Synthesis and Interactions at Interfaces.* Langmuir, 1999. **15**: p. 447-453.

104. Abrahamsson, S., Ryderstedt, and I. Nahringbauer, *The crystal structure of the low-melting form of oleic acid.* Acta Crystallographica, 1962. **15**(12): p. 1261-1268.

105. Denizli, A. and Odabas, *Cibacron Blue F3GA incorporated magnetic poly(2-hydroxyethyl methacrylate) beads for lysozyme adsorption.* Journal of Applied Polymer Science, 2004.

93(2): p. 719-725.
106. Altintas, E.B. and A. Denizli, *Monosize poly(glycidyl methacrylate) beads for dye-affinity purification of lysozyme.* International Journal of Biological Macromolecules, 2006. **38**(2): p. 99-106.
107. Friedrich, H., *Direkte Proteinisolierung aus feststoffhaltigen Medien mittels magnetischer Mikrosorbentien*, in *Forschungszentrum Karlsruhe Mitglied in der Helmholtzgemeinschaft Institut für Technische ChemieArbeitsbereich Wasser- und Geotechnologie*2007, Fakultät Maschinenwesen Institut für Verfahrenstechnik und Umwelttechnik: Karlsruhe. p. 119

7 Anhang

7.1 Grundlagen des Experimentellen Designs

Mit Hilfe des statistischen expermentellen Designs ist es möglich die Anzahl der Experimente stark zu reduzieren und hieraus die Maximalmenge an Informationen zu gewinnen. Hierbei erfolgt sowohl die Versuchsplanung als auch die Analyse der erhaltenen Ergebnisse statistisch.

Die Grundidee des experimentellen Designs ist, einen kleinen Satz an Experimenten zu planen, in dem alle für das System relevanten Einflussgrößen berücksichtigt werden. In der Regel sind dies nicht mehr als 10 oder 20 Experimente. Die anschließende Analyse der resultierenden experimentellen Daten bestimmt die Faktoren, die das System am meisten beeinflussen und diejenigen, die für das System unwichtig sind, bestimmt Wechselwirkungen der Faktoren untereinander und gibt die optimalen Bedingungen der Faktoren an. Ein wichtiger Aspekt ist, dass hierzu ein strikter mathematischer Rahmen zur Verfügung gestellt wird, in dem alle Faktoren gleichzeitig verändert werden.

Der Vorteil des experimentellen Designs ist, dass auf schnellstmöglichem Weg die besten Bedingungen für ein System herausgefunden werden können. Von Nachteil ist jedoch, dass bei einem komplexen System mit vielen Einflussgrößen, die Ergebnisse nicht mehr oder nur schwer physikalisch gedeutet werden können, da die Parameter nicht unabhängig voneinander betrachtet werden.

Die Vorgehensweise beim experimentellen Design unterteilt sich in vier Stadien:

Bestimmung der Einflussgrößen des Systems und Erstellen einer Versuchsmatrix

Zu Beginn werden diejenigen Parameter definiert, die mit größter Wahrscheinlichkeit einen Einfluss auf den Prozess haben und die zu untersuchenden Analysegrößen („Antworten bzw. untersuchten Variablen"). Aus den Parametern wird eine Versuchsmatrix erstellt, in die nach der Durchführung der Experimente auch die untersuchten Variablen eingetragen werden.

Zum Erstellen der Versuchsmatrix gibt es mehrere Möglichkeiten. Die Auswahl wird anhand des vorliegenden Problems getroffen. Ist das System von sehr vielen Einflussgrößen abhängig, wird in der Regel zum Erstellen der Matrix das „Fractional factorial design" verwendet. Hierbei werden zur Reduzierung der Anzahl der Experimente gewisse Informationen (z.B. Wechselwirkungen zwischen drei und mehr Faktoren) nicht berücksichtigt. In dieser Arbeit wird das „Full factorial design" verwendet, welches daher im folgenden Abschnitt genauer erklärt wird.

Beim „Full factorial design" werden alle Faktoren und Wechselwirkungen der Faktoren bis zur zweiten Ordnung berücksichtigt; es kommt zu keinem Informationsverlust. Für jeden Einflussfaktor k wird ein Bereich festgelegt, in welchem das System untersucht werden soll. Hierzu wird ein oberer und unterer Grenzwert definiert, der in der Versuchsmatrix mit einem „+" bzw. mit einem „-" gekennzeichnet wird (Tabelle 7-1). Die Hintergrundgeräusche und Standardfehler des Systems können mit Hilfe dreier Experimente, bei denen die Werte der Faktoren in der Mitte des oberen und unteren Grenzwerts liegen, berechnet werden. Wird das System von k Faktoren beeinflusst, müssen demnach $2^k + 3$ Experimente durchgeführt werden.

Tabelle 7-1: Beispielhafte Versuchsmatrix für k = 2 und 2 Antworten

Exp.	F1	F2	A1	A2
1,2,3	0	0		
4	+	+		
5	+	-		
6	-	-		
7	-	+		

Durchführung der Experimente

Die Experimente werden nicht nach der in der Matrix aufgestellten Reihenfolge durchgeführt, sondern nach einem Zufallsprinzip. Somit wird eine mögliche Beeinflussung der Experimente durch den Menschen ausgeschlossen.

Analyse der Faktoren und deren Wechselwirkungen untereinander

Am häufigsten wird zur Analyse der Faktoren und zur Bestimmung derer Wechselwirkungen untereinander eine Polynomfunktion unter Anwendung der Summe der kleinsten Fehlerquadrate angepasst.

$$y = \beta_0 + \beta_1 \cdot x_1 + \beta_2 \cdot x_2 + \beta_{12} \cdot x_1 \cdot x_2 + \ldots + \varepsilon \qquad \text{Gl. 7-1}$$

Hierin ist y die Antwort des Systems, x_i die Parameter und $\beta_{i,ij}$ die zu bestimmenden Modellkoeffizienten. β_i gibt hierbei den Einfluss eines Parameters an, wohingegen β_{ij} den Einfluss der Wechselwirkungen widerspiegelt.

Optimierung der Faktoren

Bei der Optimierung findet die Einstellung der Faktoren entsprechend nach den gewünschten Antworten statt. Graphisch wird die Optimierung von k Faktoren in einer k-dimensionalen „response surface" in einem k+1-dimensionalen Raum dargestellt. Die Antworten werden hierbei zu einem „desirability"-Faktor zusammengefasst, in welchem die Antworten, wenn erwünscht, entsprechend gewichtet werden können. Unter der Annahme, dass das System nur zwei Einflussgrößen besitzt bzw. dass alle anderen Einflussgrößen für das System als irrelevant betrachtet werden können, ergibt sich somit ein dreidimensionaler Raum mit einer zweidimensionalen Oberfläche. In diesem wird auf der z-Achse der „desirability"-Faktor aufgetragen, auf der x- und y-Achse die zwei Einflussfaktoren. Die Oberfläche und somit der Ort des zu erreichenden Maximums wird nach einer Gleichung zweiter Ordnung berechnet:

$$y = \beta_0 + \beta_i \cdot x_i + \beta_i^2 \cdot x_i^2 + \beta_{ij} \cdot x_i \cdot x_j \qquad \text{Gl. 7-2}$$

In Abbildung 7-1: ist eine zweidimensionale „response surface" in Abhängigkeit zweier Faktoren F1 und F2 dargestellt. Die Antworten sind zu einem Parameter zusammengefasst.

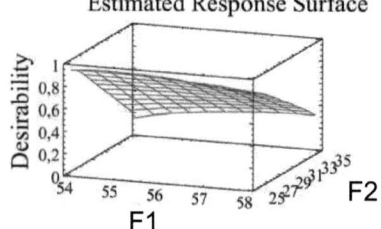

Abbildung 7-1: Beispielhafte „response surface"

Im Rahmen dieser Arbeit wird das statistische experimentelle Design für die Partikelsynthese verwendet. Hierzu wird eine Testversion des Programms „Statgraphics" benutzt.

7.2 Schematische Darstellung der Ligandenkopplung

7.2.1 Cibacron Blue als Ligand

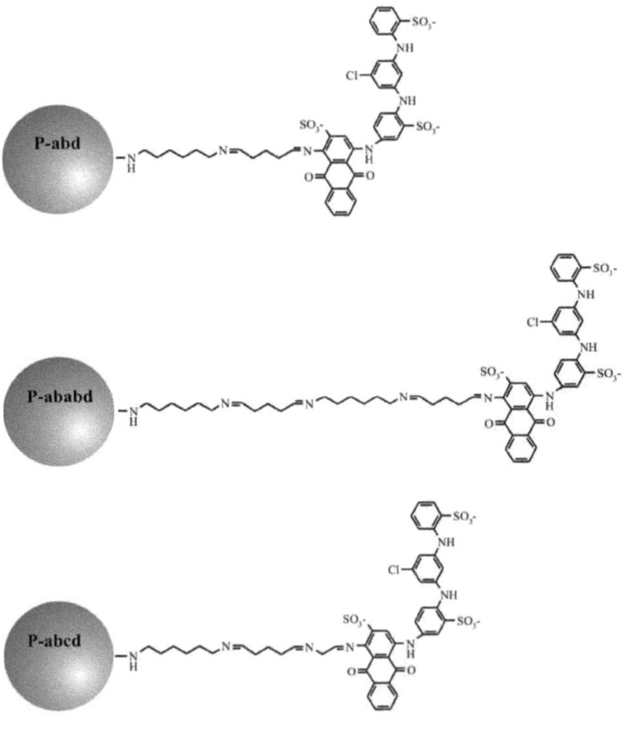

Abbildung 7-2: Schematische Darstellung der unterschiedlichen Spacerarme an magnetischen Polyvinylacetatpartikeln bei Kopplung über NH_2-Gruppen des Cibacron Blue

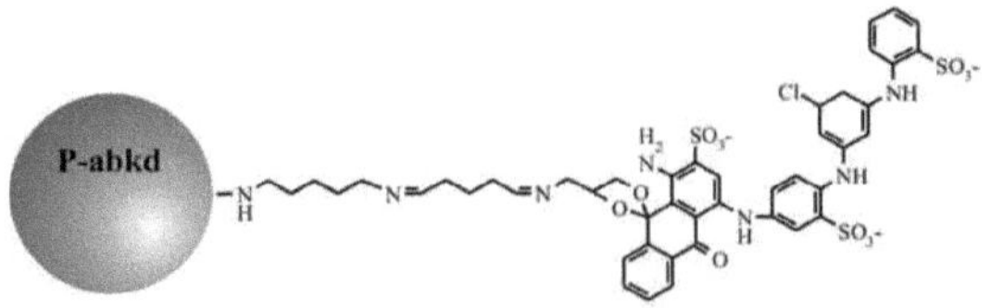

Abbildung 7-3: Schematische Darstellung der unterschiedlichen Spacerarme an magnetischen Polyvinylacetatpartikeln bei Kopplung über O-Gruppen des Cibacron Blue

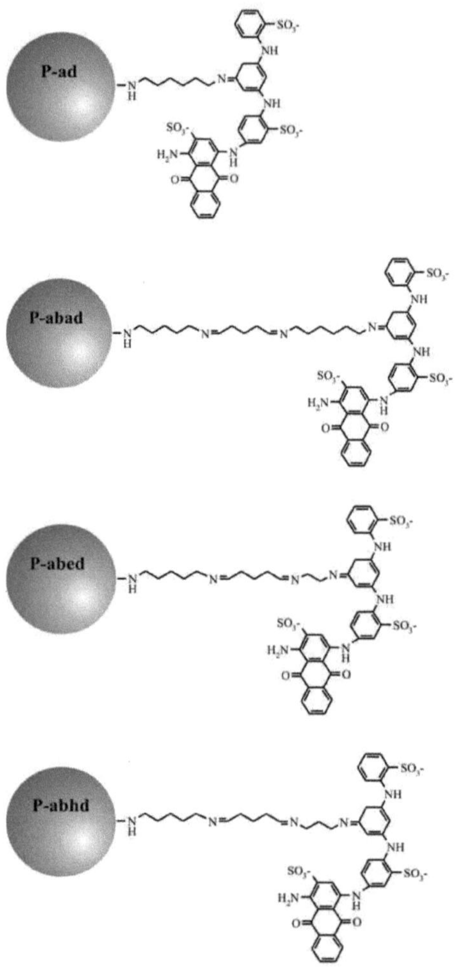

Abbildung 7-4: Schematische Darstellung der unterschiedlichen Spacerarme an magnetischen Polyvinylacetatpartikeln bei Kopplung über CL-Gruppen des Cibacron

7.2.2 Kationenaustauscher aktiven Gruppen

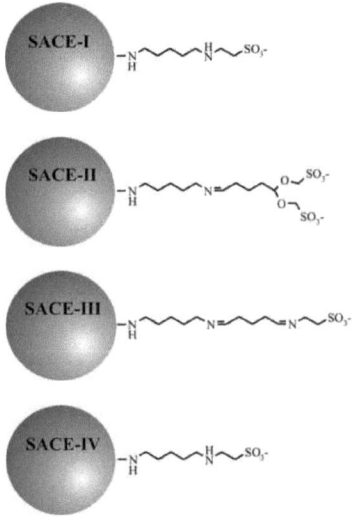

Abbildung 7-5: Schematische Darstellung von unterschiedlichen Spacerarmen mit Kationenaustauscher- Gruppen gekoppelt an magnetische Polyvinylacetatpartikel

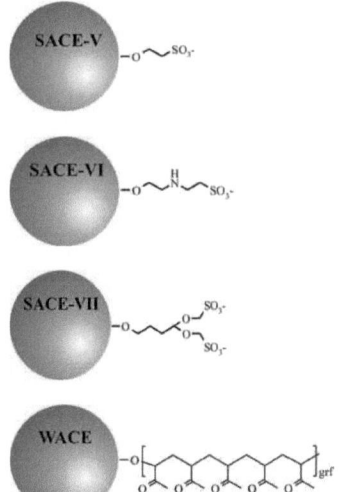

Abbildung 7-6: Schematische Darstellung von unterschiedlichen Spacerarmen mit Kationenaustauscher- Gruppen gekoppelt an magnetische Polyvinylalkoholpartikel

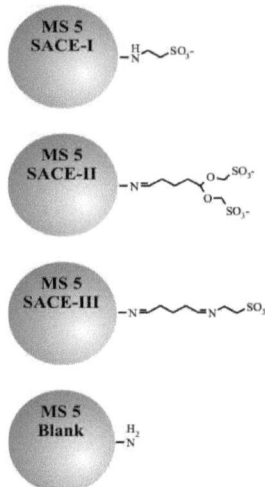

Abbildung 7-7: Schematische Darstellung von unterschiedlichen Spacerarmen mit Kationenaustauscher- Gruppen gekoppelt an magnetische silangecoateten Ferritpartikeln

7.3 Aufreinigung von Lysozym aus Hühnereiweiß in Labormaßtab (PVAc-SACE I)

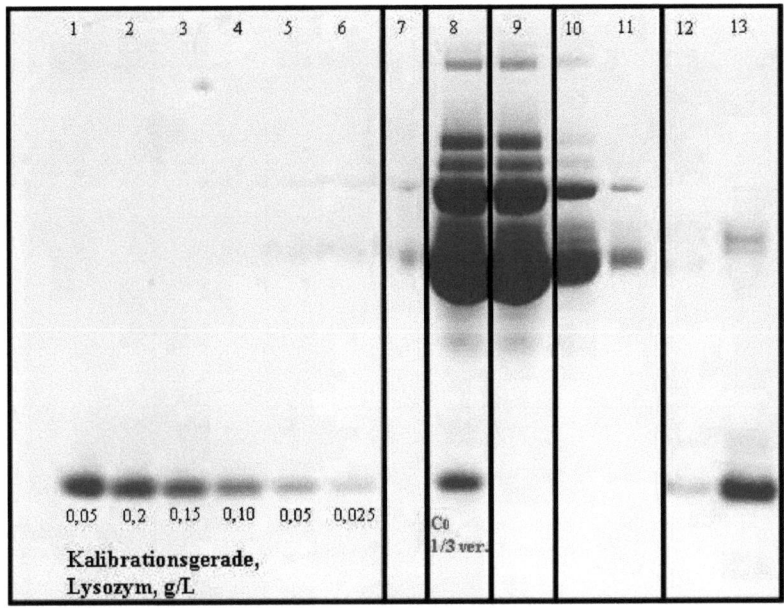

Abbildung 7-8: SDS-Page der Lysozym Aufreinigung aus Hühnereiweiß (Verdünnt 1 zu 4). Mikrosorbentien PVA-SACE I Partikelkonz. 10 g/l. Linie 1 bis 6 Kalibrierungsgerade für Lysozym (0,2 bis 0,025 g/l). Linie 8 Ausgangkonzentrationen im Hühnereiweiß (1 zu 3 Verdünnt) Gesamtprotein (C_0) 35,5 g/l bzw. Lys. Konz. 0,56 g/l. Linie 9 Überstand. Linie 10 und 11 Waschung und Linie 12 und 13 Elution

Tabelle 7-2: Zusammenfassung der Aufreinigung von Lysozym aus Hühnereiweiß mittels SACE I Mikrosorbentien

Fraktion	Lys. Konz., g/l	Gesamt Protein, g/l	q_{rest}, g/g
Hühnereiweiß	0,58	35,5	-
Überstand	0,054	-	0,053
Waschung 1	0,014	-	0,052
Waschung 2	0,014	-	0,050
Elution 1	0,037	0,052	0,046
Elution 2	0,382	0,44	0,008

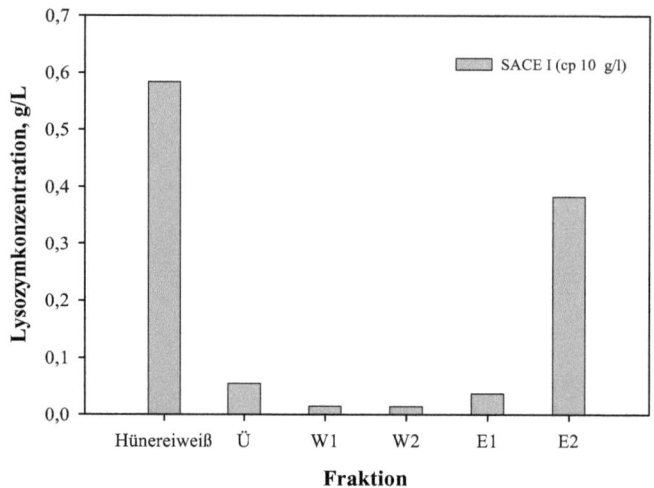

Abbildung 7-9: Proteingehalt der Fraktionen nach der Aufreinigung von Lysozym mittels mag. Mikrosorbentien SACE I. Ü=Überstand, W1,W2=Waschfraktionen, E1, E2=Elutionen, Partikelkonzentration. 10 g/l

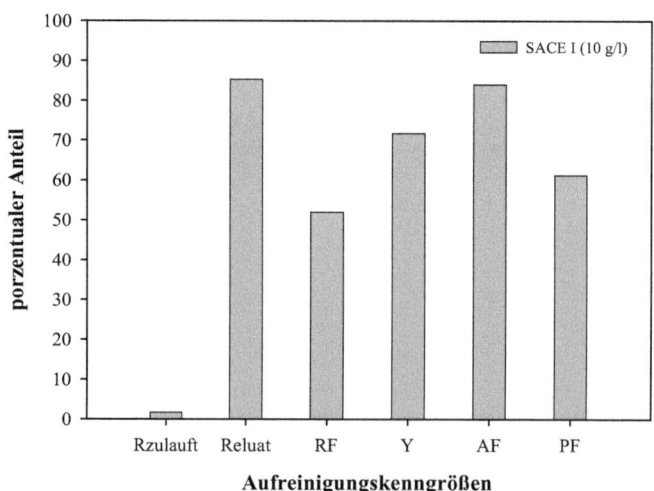

Abbildung 7-10: Darstellung der Aufreinigungskengrößen. Rzulauf = Reinheit in Zulauf; Reluat = Reinheit in Eluat; RF = Aufreinigungsfaktor; Y = Ausbeute und PF = Produktivitätfaktor

7.4 Lysozym Aufreinigung aus Hühnereier in der Drucknutsche (2. Versuch)

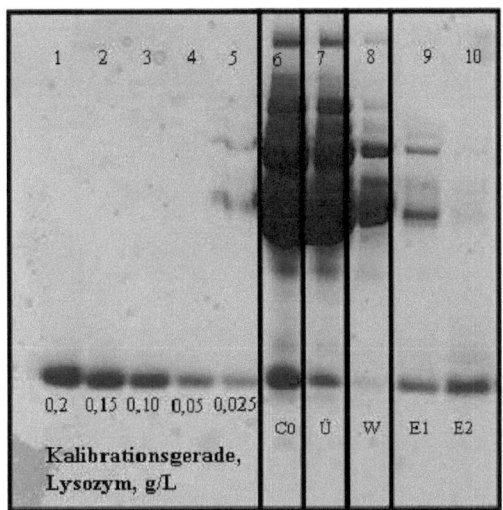

Abbildung 7-11: SDS-Page der Lysozym Aufreinigung aus Hühnereiweiß (Verdünnt 1 zu 10) in der gerührte Drucknutsche. Mikrosorbentien PVAc-SACE I. Partikelkonzentration 2,5 g/l. Linie 1 bis 5 Kalibrationskurve für Lysozym (0,2 bis 0,025 g/l). Linie 6 Ausgangkonzentration von Hühnereiweiß Gesamtprotein (C_0) 12,2 g/l bzw. Lys. Konz. 0,225 g/l. Linie 7 Überstand. Linie 8 Waschung und Linie 9 und 10 Elution

Tabelle 7-3: Zusammenfassung der Aufreinigung von Lysozym aus Hühnereiweiß in der gerührte Drucknutsche

Fraktion	Lys. Konz., g/l	Gesamt Protein, g/l	q_{rest}, g/g
Hühnereiweiß	0,228	12,9	
Überstand	0,050	-	0,072
Waschung	0,005	-	0,071
Elution 1	0,046	0,145	0,056
Elution 2	0,0948	0,109	0,023

ANHANG

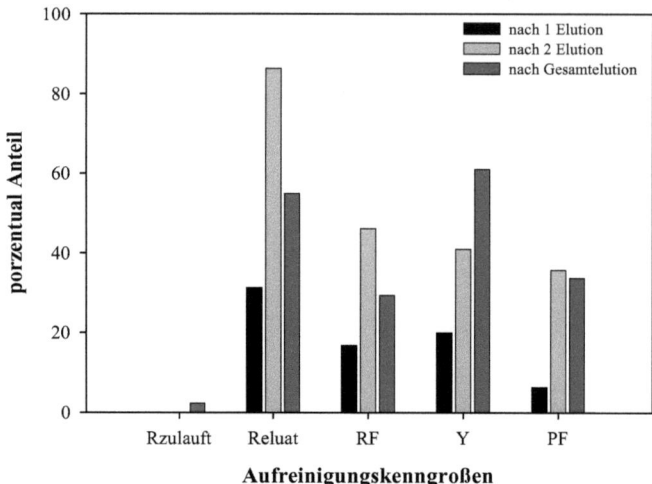

Abbildung 7-12: Abbildung 7-13: Darstellung der Aufreinigungskengrößen. Rzulauf = Reinheit in Zulauf; Reluat = Reinheit in Eluat; RF = Aufreinigungsfaktor; Y = Ausbeute und PF = Produktivitätfaktor

7.5 Symbole und Abkürzungen

Lateinische Symbole

Symbol	Bedeutung	Einheit
AF	Aufkonzentrierungsfaktor	-
c_p	Partikelkonzentration	g/l
c_0	Zulaufkonzentration der Partikel bzw. Proteinstartkonzentration	g/l
c^*	Konzentration in Gleichgewicht	g/l
E	Elution	-
K_d	Gleichgewichtskonstante	g/l
L	Flüssigkeitsvolumen	ml
Ms	Sättigungsmagnetisierung	Am^2/kg
m	Partikelmasse	g
PF	Produktivitätsfaktor	-
q	Partikelbeladung	mg/g
q_{max}	Maximalbeladung	mg/g
q^*	Gleichgewichtbeladung	mg/g
q_0	Startbeladung des Partikels	mg/g
q3	Verteilungsdichte	$1/\mu m$
Q3	Verteilungssumme	%
QV	Kapazitätsverhältnis	-
R	Reinheit des Proteins	%
RF	Aufreinigungsfaktor	%
Reluat	Reinheit Eluat	%
Rzulauf	Reinheit Zulauf	%
T	Temperatur	°C
Ü	Überstand	-
W	Waschung	-
X_{50}	Mittlere Partikelgrößenverteilung	µm
Y	Ausbeute	%

Indizes

max	maximal
s	Sättigung
0	Start-, Ausgangswert
*	im Sorptionsgleichgewicht

Abkürzungen

AFM	Atomic Force Microscope
AIBN	Azodiisobutyronitril
APA	Ammoniumpersulfat
APTES	γ-Aminopropyltriethoxy Silan
ATPS	Zweiphasenextraktion
BCA	Bicinchoninic Acid
BET	Isotherme nach BRUNAUER, EMMET und TELLER
BMWA	Bundes Ministerium für Wirtschaft und Arbeit
B-O	Butler-Ockrent
BPO	Benzoylperoxid
bzw.	beziehungsweise
CB	Cibacron Blue
DNA	Desoxyribonukleinsäure
DVB	Dininylbenzol
EBA	Expanded Bed Adsorption
ESEM	Environmental Scanning Electron Microscope
EDX	Energiedispersive Röntgenspektroskopie (engl. energy dispersive X-ray)
GMA	Glycidylmethaacrylat
KPS	Kaliumpersulfat
HEMA	2-hydroethyl methacrylat
HGMF	high gradient magnetic fishing
IEP	Isoelektrische Punkt
IR	Infrarotspektroskopie

ANHANG

KPS	Kaliumpersulfat
Lys	Lysozym
MA	methyl-acrylat
MAA	(methyl-methacrylatco-methacrylic acid
MMA	methyl-methacrylat
MS	Magnetit Silanisiert
NAD	Nicotinsäureamid-Adenin-Dinucleotid
Oba	Obalbumin
PDADMAC	Poly(diallyldimethylammoniumchlorid)
PSS	poly(sodium 4-styrenesulfonate)
PVA	Polyvinylalkohol
PVAc	Polyvinylacetat
PVP	Polyvinylpyrrolidon
PVP	Polyvinylpyrrolion)
SACE	Stark sauer Kationenaustauscher
SDS	Natriumdodecylsulfat
SPS	Natriumpersulfat
SSP	Spraying Suspension Polymerisation
TEOS	Tetraethyl Orthosilicate
Upm	Undrehungen pro Minuten
UV/VIS	Ultravioletten/visible
VA	Vinylalkohol
VAc	Vinylacetat
VE	Vollentsalz
vgl.	verfleiche
W/O	Emulsion Wasser in Öl
WACE	schwach saueren Kationenaustauscher

i want morebooks!

Buy your books fast and straightforward online - at one of world's fastest growing online book stores! Environmentally sound due to Print-on-Demand technologies.

Buy your books online at
www.get-morebooks.com

Kaufen Sie Ihre Bücher schnell und unkompliziert online – auf einer der am schnellsten wachsenden Buchhandelsplattformen weltweit! Dank Print-On-Demand umwelt- und ressourcenschonend produziert.

Bücher schneller online kaufen
www.morebooks.de

 VDM Verlagsservicegesellschaft mbH
Heinrich-Böcking-Str. 6-8   Telefon: +49 681 3720 174   info@vdm-vsg.de
D - 66121 Saarbrücken   Telefax: +49 681 3720 1749   www.vdm-vsg.de

Printed by Books on Demand GmbH, Norderstedt / Germany